"十三五"普通高等教育本科规划教材

电工与电子技术实验指导书

主　编　蔡　灏　谌海霞

副主编　李　平　李志勇

编　写　袁绣湘　李小颖

　　　　刘佳宇　文　卫

U0246596

中国电力出版社

CHINA ELECTRIC POWER PRESS

内 容 提 要

本书为"十三五"普通高等教育本科规划教材。

本书是根据国家教育部对高校电工与电子技术课程的基本要求编写，全书分为电工基础实验、模拟电子技术实验、数字电子技术实验三部分，主要内容包括常用仪器仪表的使用、三相交流电路测量、单管交流放大电路、集成运算放大电路、触发器逻辑功能测试、计数器及其应用等二十五个实验项目。

该书可作为高等院校电工与电子技术课程的配套实验指导书，也可作为各工科院校非电类专业及高职高专相关课程的实验用书。

图书在版编目（CIP）数据

电工与电子技术实验指导书/蔡灏，谌海霞主编 . —北京：中国电力出版社，2018.8
（2020.8 重印）

"十三五"普通高等教育本科规划教材

ISBN 978 - 7 - 5198 - 2095 - 4

Ⅰ.①电… Ⅱ.①蔡… ②谌… Ⅲ.①电工技术－高等学校－教材②电子技术－高等学校－教材 Ⅳ.①TM②TN

中国版本图书馆 CIP 数据核字（2018）第 116529 号

出版发行：中国电力出版社
地 址：北京市东城区北京站西街 19 号（邮政编码 100005）
网 址：http://www.cepp.sgcc.com.cn
责任编辑：牛梦洁
责任校对：常燕昆
装帧设计：赵姗姗
责任印制：钱兴根

印 刷：北京雁林吉兆印刷有限公司
版 次：2018 年 8 月第一版
印 次：2020 年 8 月北京第三次印刷
开 本：787 毫米×1092 毫米 16 开本
印 张：7
字 数：166 千字
定 价：28.00 元

前　言

　　本书根据国家教育部对高校电工与电子技术课程的基本要求编写，分为电工基础、模拟电子技术、数字电子技术三部分实验，可满足工科院校非电专业学生对电工与电子技术课程实验的基本要求。每个实验都包含明确的实验目的、实验原理说明、实验设备、实验内容、实验注意事项、预习与思考题和实验报告要求七部分。

　　为了全面提升大学生工程实践及创新创业能力，本书在内容上更加注重对学生实验技能、基本设计思想和基本综合运用能力的训练，并通过计算机仿真对实验现象的观测、实验数据的采集、计算处理和误差分析，以及对实验结果的可靠程度与存在的问题进行有效分析与正确判断，培养学生严肃认真、实事求是的科学态度。为能持续保证教材的先进性、实用性和全面性，特组织长期工作在实验教学一线，具有丰富的教学和教研教改经验，熟悉教学需求的中级、高级职称教师进行本书的编写。

　　本书由长沙理工大学组织编写。电工基础实验一～十与附录一、二由谌海霞老师组织编写，模拟电子技术与数字电子技术实验十一～二十五与附录三由蔡灏老师组织编写，李平、李志勇、袁绣湘、李小颖、刘佳宇与文卫老师参与编写部分内容。本书由王英健老师主审，提出了许多宝贵意见，在此致以诚挚的谢意！由于编者水平所限，书中难免有不妥之处，恳请读者批评指正。

编　者

2018 年 2 月

目　　录

第一部分 电工基础实验

实验一 常用仪器仪表的使用

一、实验目的

（1）通过本实验，能够大致了解示波器的原理，熟悉示波器面板上的开关和旋钮的作用，初步学会示波器的一般使用方法。

（2）学习信号发生器的使用方法。

二、实验原理说明

（1）示波器是一种综合性的电信号特性测试仪，它可以直接显示电信号的波形，测量幅值、频率以及同频率两信号的相位差等。

（2）信号发生器是产生各种波形的信号电源。常用的信号发生器有正弦信号发生器、方波信号发生器、脉冲信号发生器等。信号电源的频率（周期）和输出幅值一般可以通过开关和旋钮加以调节。

三、实验设备

（1）示波器。

（2）信号发生器。

（3）电阻箱、电容箱。

四、实验内容

（1）熟悉示波器和信号发生器的各主要开关和旋钮的作用。

1）示波器置于扫描（连续）工作方式，接通电源并经预热以后，在示波器的荧光屏上调出一条水平扫描亮线来。分别旋动［聚焦］、［辅助聚焦］、［亮度］、［标尺］、［垂直位移］、［水平位移］等旋钮，体会这些旋钮的作用和对水平扫描线的影响。

2）双踪示波器的自检。将示波器面板部分的"标准信号"接口，通过信号电缆接至示波器的 Y 轴输入接口 CH1 或 CH2，调节各旋钮，使在荧光屏上显示出线条细而清晰，亮度适中的方波波形，将时间扫描旋钮及幅值扫描旋钮调到"校准"位置，从荧光屏上读出该信号的频率和幅值，并与标称值作比较。

3）把信号发生器输出调到零值位置并接至示波器的输入端，然后合上信号发生器的电源开关，预热后再给定一输出电压，在示波器的荧光屏上，调出被测信号的波形来。分别旋动（或转换）示波器的水平扫描系统（X 通道）和垂直系统（Y 通道）的各旋钮（或开关），体会这些旋钮（或开关）的作用以及对输入信号波形的形状和稳定性的影响。

分别改变信号的幅值和频率，重复调节加以体会。

（2）用示波器测量给定信号电源的幅值和频率，把测出的频率与信号发生器的标称频率相比较，记下测量步骤和方法。物理量的具体测量方法参见附录二中示波器使用部分。

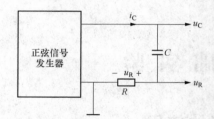

图 1-1　测量同频率两信号的相位差

（3）测量同频率两信号的相位差。按图 1-1 接线。由正弦波信号发生器输出一给定电压，用示波器观察电容器的端电压 u_C 和流过电容器的电流 i_C 的波形。图中 R 为电流取样电阻，u_R 的波形即表示 i_C 的波形。然后用示波器测量 u_C 和 i_C 的相位差。

五、实验注意事项

（1）在大致了解示波器、信号发生器的使用方法及各旋钮和开关的作用之后，再动手操作。使用这些仪器时，旋动各旋钮和开关不要用力过猛。

（2）用示波器观察信号发生器的波形时，两台仪器的公共地线要接在一起，以免引进干扰信号。

六、预习与思考题

（1）示波器的结构较为复杂，面板上的开关和旋钮较多，而信号发生器又是初次接触，因此，为使本实验能顺利进行，要在课前预习示波器和信号发生器简介（参见附录二中的有关部分）的基础上，仔细听取教师针对具体仪器进行的讲解和演示，然后再动手操作。

（2）用一台工作正常的示波器测量正弦信号时，观察到如图 1-2 所示的波形现象，试指出应首先旋动哪些旋钮，才有可能得到清晰和稳定的波形。

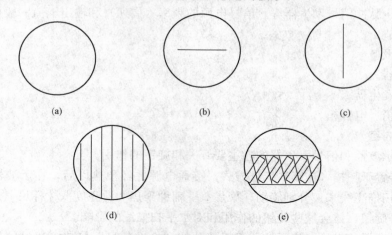

图 1-2　示波器测量正弦信号时观察到的各波形现象

（a）无任何图形；（b）水平一条线；（c）垂直一条线；（d）只有暗淡的垂直竖线；（e）图形不稳定

七、实验报告要求

（1）记录用示波器测得的各个波形，标明被测信号的幅值和频率等。

（2）总结用示波器测量信号电压的幅值、频率和同频率两个信号相位差的步骤和方法。

（3）回答思考题。

实验二　基尔霍夫定律与叠加定理

一、实验目的

（1）验证基尔霍夫定律与叠加定理的正确性，加深对电路的电流、电压参考方向的理解。

（2）正确使用直流稳压电源、电流表、电压表，学会用电流插头、插座测量各支路电流的方法。

（3）提高检查、分析电路简单故障的能力。

二、实验原理说明

1. 基尔霍夫定律

基尔霍夫电流、电压定律是电路的基本定律，它们分别用来描述节点电流和回路电压应遵循的关系，即对电路中的任一节点而言，在设定电流的参考方向下，应有$\sum I = 0$。一般流出节点的电流取正号，流入节点的电流取负号；对任何一个闭合回路而言，在设定电压的参考方向下，绕行一周，应有$\sum u = 0$，一般电压方向与绕行方向一致的电压取正号，电压方向与绕行方向中相反的电压取负号。

2. 叠加定理

叠加定理指出：在有几个电源共同作用下的线性电路中，通过每一个元件的电流或其两端的电压，可以看成是由每一个电源单独作用在该元件上所产生的电流或电压的代数和。具体方法是：一个电源单独作用时，其他不作用的电压源置零，在电压源处用短路代替；不作用的电流源置零，在电流源处用开路代替。在求电流或电压的代数和时，当电源单独作用时电流或电压的参考方向与共同作用时的参考方向一致时，符号取正，否则取负。在图 2-1 中有

$$
\left.
\begin{aligned}
I_1 &= I'_1 - I''_1 \\
I_2 &= -I'_2 + I''_2 \\
I_3 &= I'_3 + I''_3 \\
U &= U' + U''
\end{aligned}
\right\}
$$

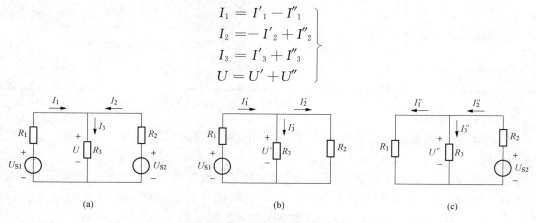

图 2-1　叠加评定理电路分解图

（a）分解图 1；（b）分解图 2；（c）分解图 3

三、实验设备

（1）直流数字电压表、直流数字毫安表。

（2）恒压源（含+6V、+12V、0～30V可调）。

（3）电阻、二极管等元件。

四、实验内容

实验电路如图2-2所示，自行选定图中U_{S1}、U_{S2}两电压源的大小，开关选择"正常"位置。

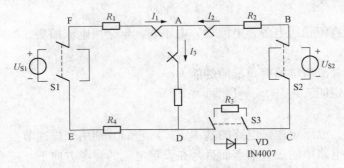

图2-2　基尔霍夫定律与叠加定理实验电路图

（1）将图中开关S3投向R_3侧，用电流插头与直流电流表串联，用直流数字电压表与所测元件并联，分别测量U_{S1}单独作用，U_{S2}单独作用，U_{S1}、U_{S2}共同作用时各支路电流与各电阻元件两端电压，数据记入自拟表格，验证叠加定理以及基尔霍夫电流、电压定律的正确性。

（2）将开关S3投向二极管侧，重复步骤（1），了解基尔霍夫定律与叠加定理的适应范围。叠加原理实验数据见表2-1。

表 2-1　　　　　　　　　　　　叠 加 原 理 实 验 数 据

测量项目 实验内容	U_{S1} (V)	U_{S2} (V)	I_1 (mA)	I_2 (mA)	I_3 (mA)	U_{FA} (V)	U_{AB} (V)	U_{BC} (V)	U_{CD} (V)	U_{DE} (V)
U_{S1}单独作用										
U_{S2}单独作用										
U_{S1}、U_{S2}共同作用										

五、实验注意事项

（1）实验前必须设定电路中所有电流、电压的参考方向，其中电阻上的电压方向应与电流方向一致。

（2）所有需要测量的电压值，均以电压表测量的读数为准，不以电源表盘指示值为准。

（3）用电流插头测量各支路电流时，应将电流插头的红接线端插入数字毫安表的红（正）接线端，电流插头的黑接线端插入数字毫安表的黑（负）接线端。

（4）注意仪表的正、负极性，同时注意仪表量程的及时更换。

（5）注意选定电源大小，不要使电路中的电流值超过电流表的量程。

（6）电源单独作用时，不能直接将其他不作用电源短路。

六、预习与思考题

（1）根据图 2-2 的电路参数，计算出待测的电流 I_1、I_2、I_3 和各电阻上的电压值，记入自拟表格中，以便实验测量时，可正确地选定毫安表和电压表的量程。

（2）在图 2-2 的电路中，A、D 两节点的电流方程是否相同？为什么？

（3）在图 2-2 的电路中可以列出几个电压方程？它们与绕行方向有无关系？

（4）实验中，若用模拟万用表直流毫安挡测量各支路电流，什么情况下可能出现毫安表指针反偏，应如何处理，在记录数据时应注意什么？若用直流数字毫安表进行测量时，会有什么显示呢？

（5）叠加定理中如何理解电源单独作用，在实验中应如何操作？

（6）实验电路中，若将一电阻元件改为二极管，那么基尔霍夫定律与叠加定理是否成立，为什么？

七、实验报告要求

（1）回答思考题。

（2）根据实验数据进行分析、比较、归纳、总结实验结论，验证基尔霍夫定律与叠加定理的正确性。

（3）根据实验数据与计算数据，分析误差产生原因。

（4）各电阻元件所消耗的功率能否用叠加定理计算得出？试用上述实验数据计算、说明。

实验三　戴维南定理和诺顿定理

一、实验目的

（1）初步掌握戴维南定理与诺顿定理分析电路的方法，能正确选择实验设备。

（2）利用实验结果验证戴维南定理、诺顿定理与实际电源的两种模型及其等效变换条件。

（3）学习戴维南等效电路和诺顿等效电路参数的测量方法。

二、实验原理说明

1. 戴维南定理和诺顿定理

戴维南定理指出：一个有源一端口网络，对外电路来说，可用一个电压源 U_S 和一个电阻 R_S 串联组成的实际电压源模型来代替，其中：电压源 U_S 等于这个有源一端口网络的开路电压 U_{OC}，内阻 R_S 等于该网络中所有独立电源均置零（接电压源端口短接，接电流源端口开路）后的等效电阻 R_O。如图 3-1（a）、（b）所示。

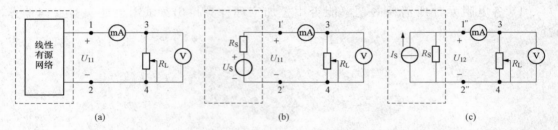

图 3-1　戴维南定理与诺顿定理电路图

（a）原网络；（b）戴维南等效电路；（c）诺顿等效电路

诺顿定理指出：一个有源一端口网络，对外电路来说，可以用一个电流源 I_S 和一个电阻 R_S 并联组成的实际电流源模型来代替，其中：电流源 I_S 等于这个有源一端口网络的短路电流 I_{SC}，内阻 R_S 等于该网络中所有独立电源均置零（接电压源端口短接，接电流源端口开路）后的等效电阻 R_O。如图 3-1（a）、（c）所示。

2. 实际电压源和实际电流源的等效互换

一个实际的电源，就其外部特性而言，既可以看成是一个电压源，又可以看成是一个电流源。若视为电压源，则可用一个电压源与一个电阻相串联表示；若视为电流源，则可用一个电流源与一个电阻相并联表示。若它们向同样大小的负载供出同样大小的电流和端电压，则称这两个电源是等效的，即具有相同的外特性。

实际电压源与实际电流源等效变换的条件为：

（1）实际电压源与实际电流源的内阻均表示为 R_S。

（2）已知实际电压源的参数为 U_S 和 R_S，则实际电流源的参数为 $I_S = \dfrac{U_S}{R_S}$ 和 R_S。

（3）若已知实际电流源的参数为 I_S 和 R_S，则实际电压源的参数为 $U_S = I_S R_S$ 和 R_S。

3. 戴维南和诺顿等效电路参数的测量方法

对于已知的线性有源一端口网络，其入端等效电阻 R_S 可以从网络计算得出，也可以通过实验手段测出，下面介绍几种测量方法。

（1）开路—短路法。由戴维南定理和诺顿定理可知

$$R_S = \frac{U_{OC}}{I_{SC}}$$

（2）外加电源法。将有源一端口网络中的所有独立电源置零，然后在端口处外加一给定电压 u_S，测得流入端口的电源 i，则有

$$R_S = \frac{u_S}{i}$$

（3）把有源一端口网络中的所有独立电源置零，然后在端口处外加一给定电流源 i_S，测得端口电压 u，则有

$$R_S = \frac{u}{i_S}$$

（4）将线性有源一端口网络的所有独立电源置零，用欧姆表从端口处可测得 R_S。

三、实验设备

（1）直流数字电压表、直流数字毫安表。

（2）恒压源、恒流源。

（3）电阻、二极管等元件。

四、实验内容

（1）被测一线性有源一端口网络如图 3 - 2 所示（其中含有两个电源 $U_S = 12V$，$I_S = 10mA$），测定其外特性 $U_{RL} = f(I_{RL})$。R_L 取不同的值，测量对应的 U_{RL} 和 I_{RL} 记录于表 3 - 1 中。当 $R_L = 0$ 时，测得 $I_{RL} = I_{SC}$，$R_L = \infty$ 时，$U_{RL} = U_{OC}$，根据测量结果，求 R_S。

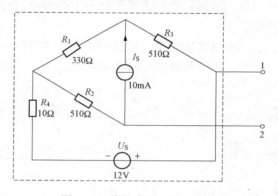

图 3 - 2 线性有源一端口网络

表 3 - 1　　　　　　　　　　线性有源一端口网络外特性测量数据

R_L	0	R_S	R_{L1}	R_{L2}	R_{L3}	R_{L4}	R_{L5}	∞
U_{RL}								
I_{RL}								

（2）用步骤（1）测得的等效参数构成戴维南等效电路，如图 3 - 1（b）所示，测量其外特性 $U'_{RL} = f(I'_{RL})$，R_L 取值与步骤（1）相同，并与步骤（1）所得结果进行比较。

（3）用步骤（1）测得的等效参数构成诺顿等效电路，如图 3 - 1（c）所示，测量其外特性 $U''_{RL} = f(I''_{RL})$，R_L 取值与步骤（1）相同，并与步骤（1）所得结果进行比较。

五、实验注意事项

（1）设计实验时，尽量选择标准阻值的电阻。

（2）设计的一端口网络其开路电压与短路电流值不能超过恒压源与恒流源所能输出最大值。

·　（3）设计实验时，要注意选择电源的大小，不要使电路中的电流超过直流数字毫安表的量程和电阻允许通过值，以免造成仪器和元件的损坏。

（4）R_L取 7 个以上不同值，其中包括 $R_L=0$、$R_L=\infty$。

（5）测量时注意仪表极性与量程的更换。

（6）改接线路时，要关掉电源。

六、预习与思考题

（1）在求有源一端口网络等效电路中的 R_S 时，如何理解"该网络中所有独立电源均置零"？实验中怎样将独立电源置零？

（2）给定一线性有源一端口网络，在不测量 I_{SC} 和 U_{OC} 的情况下，如何用实验方法求得其等效参数？

（3）实际电压源与实际电流源等效变换的条件是什么？所谓"等效"是对谁而言？电压源与电流源能否等效变换？

七、实验报告要求

（1）回答思考题。

（2）在同一坐标平面上画出实验步骤（1）～（3）测得的外特性曲线，并加以分析比较验证。

（3）从实验结果，验证电源等效变换的条件。

（4）说明戴维南定理和诺顿定理的应用场合。

实验四 RC 一阶电路的响应

一、实验目的

(1) 研究 RC 一阶电路的零输入响应、零状态响应和全响应的规律和特点。

(2) 学习一阶电路时间常数的测量方法，了解电路参数对时间常数的影响。

(3) 掌握微分电路和积分电路的基本概念。

二、实验原理说明

(1) 含有 L、C 储能元件的电路，其响应可以由微分方程求解。凡是可用一阶微分方程描述的电路，称为一阶电路，一阶电路通常由一个储能元件和若干个电阻元件组成。

(2) 储能元件初始值为零的电路，在激励作用下的响应称为零状态响应。

RC 一阶电路如图 4-1 所示，开关 S 在 "1" 的位置，$U_C = 0$，处于零状态，当开关 S 合向 "2" 的位置时，电源通过 R 向电容 C 充电，$U_C(t)$ 称为零状态响应。

$$U_C = U_S - U_S e^{-\frac{t}{\tau}}$$

零状态响应变化曲线如图 4-2 所示，u_C 上升到 $0.632U_S$ 所需要的时间称为时间常数 τ，$\tau = RC$。

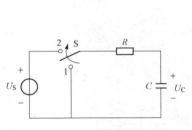

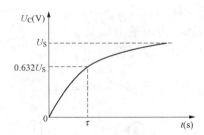

图 4-1 RC 一阶电路　　　　　　图 4-2 零状态响应变化曲线

(3) 电路在无激励的情况下，由储能元件初始状态引起的响应称为零输入响应。

在图 4-1 中，开关 S 在 "2" 的位置电路稳定后，再合向 "1" 的位置时，电容 C 通过 R 放电，$u_C(t)$ 称为零输入响应。

$$U_C = U_S e^{-\frac{t}{\tau}} = 0.368U_S$$

零输入响应变化曲线如图 4-3 所示，U_C 下降到 $0.368U_S$ 所需要的时间称为时间常数 τ，$\tau = RC$。

(4) 测量 RC 一阶电路时间常数 τ。如图 4-4 所示，U_S 为方波激励源，方波信号的周期为 T，只要满足 $\frac{T}{2} \geqslant 5\tau$，便可在示波器的荧光屏上形成稳定的响应波形。如图 4-5 所示，U_C 上升到 $0.632U_S$ 所需要的时间称为时间常数 τ，$\tau = RC$。

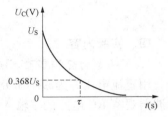

图 4-3 零输入响应变化曲线

(5) 微分电路和积分电路。将方波信号 U_S 作用在电阻、电容串联电路中，当满足电路时间常数 τ 远小于方波周期 T 的条件时，电阻两端（输出）的电压 U_R 与方波输入信号 U_S

呈微分关系，$U_R \approx RC \dfrac{\mathrm{d}U_S}{\mathrm{d}t}$，该电路称为微分电路，其响应如图 4-6（b）所示。

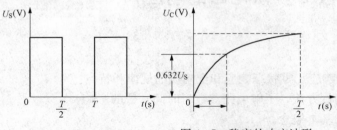

图 4-4 方波激励源 　　图 4-5 稳定的响应波形

当满足电路时间常数 τ 远大于方波周期 T 的条件时，电容 C 两端（输出）的电压 U_C 与方波输入信号 U_S 呈积分关系，$U_C \approx \dfrac{1}{RC}\displaystyle\int U_S \mathrm{d}t$，该电路称为积分电路，其响应如图 4-6（c）所示。

微分电路和积分电路的输出、输入关系如图 4-7 所示。

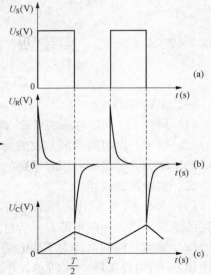

图 4-6 微分电路和积分电路的响应波形
（a）输入激励；（b）微分电路响应；
（c）积分电路响应

三、实验设备

（1）双踪示波器。

（2）信号源（方波输出）。

（3）电阻、电容等元件。

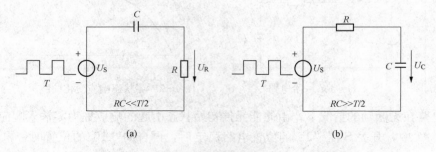

图 4-7 微分电路和积分电路的输出、输入关系
（a）微分电路；（b）积分电路

四、实验内容

1. 零状态响应和零输入响应

用直流电压源为激励研究 RC 电路零状态响应和零输入响应。请自行设计实验线路，用示波器观察 RC 电路的零输入响应和零状态响应波形。实验中分别采用两个电容器并联或单用一个电容器观察其波形变化。实验中电源激励分别采用 5、10V，电阻取 50、90kΩ，电容器用 $30\mu\mathrm{F}$。

注意：示波器要用慢扫描。

2. 积分电路

如图 4-8 所示，令 $R = 10\text{k}\Omega$，$C_2 = 0.01\mu\text{F}$，U_S 为脉冲信号发生器输出 $U_{\text{P}-\text{P}} = 2\text{V}$，$f = 1\text{kHz}$ 的方波电压信号。用示波器观察 U_C 的波形及变化规律，测量时间常数 τ，并用方格纸按 1∶1 的比例描绘波形。

改变电容值，分别令 $C_1 = 6800\text{pF}$、$C_2 = 0.01\mu\text{F}$、$C_3 = 0.1\mu\text{F}$，观察对响应的影响，重复上述实验内容，并将数据记入表 4-1 中。

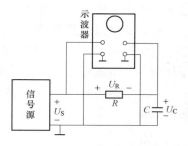

图 4-8 积分实验电路图

表 4-1 积 分 电 路

实验参数	$R = 10\text{k}\Omega$		
	$C_1 = 6800\text{pF}$	$C_2 = 0.01\mu\text{F}$	$C_3 = 0.1\mu\text{F}$
波形			
变化规律			

3. 微分电路

将实验电路 4-8 中的 R、C 元件位置互换，令 $R = 1\text{k}\Omega$，$C = 0.01\mu\text{F}$，用示波器观察响应 U_R 的变化规律。

改变电阻值，分别令 $R_2 = 10\text{k}\Omega$，$R_3 = 100\text{k}\Omega$，观察对响应的影响，并将数据记入表 4-2 中。

表 4-2 微 分 电 路

实验参数	$C = 0.01\mu\text{F}$		
	$R_1 = 1\text{k}\Omega$	$R_2 = 10\text{k}\Omega$	$R_3 = 1\text{M}\Omega$
波形			
变化规律			

五、实验注意事项

（1）调节电子仪器各旋钮时，动作不要过猛。实验前，需熟读双踪示波器的使用说明，特别是观察双踪示波器时，要特别注意开关、旋钮的操作与调节。

（2）信号源的接地端与示波器的接地端要连在一起（称共地），以防外界干扰而影响测量的准确性。

（3）示波器的辉度不应过亮，尤其是光点长期停留在荧光屏上不动时，应将辉度调小以延长示波管的使用寿命。

六、预习与思考题

（1）在 RC 一阶电路中，当 R、C 的大小变化时，对电路的响应有何影响？

（2）何为积分电路和微分电路，它们必须具备什么条件？在方波激励下，其输出信号波形的变化规律如何？这两种电路有何功能？

七、实验报告要求

（1）根据实验内容 1 观测结果，绘出 RC 一阶电路充电、放电时 U_C 与激励信号对应的变化曲线，由曲线测得 τ 值，并与参数值的理论计算结果进行比较，分析误差原因。

（2）根据实验内容 2、3 观测结果，绘出积分电路、微分电路的输出信号与输入信号对应的波形。

（3）回答思考题。

实验五　交流参数的测定

一、实验目的

（1）学习用交流电压表、交流电流表、功率表测量元件的交流等效参数。

（2）学习使用功率表。

二、实验原理说明

（1）交流电路中，元件的阻抗值或无源一端口网络的等效阻抗值，可用交流电压表、交流电流表和功率表分别测出元件（或网络）两端的电压 U、流过的电流 I 和它所消耗的有功功率 P 之后再通过计算得出，其关系式为：

阻抗的模

$$|Z| = \frac{U}{I}$$

功率因数

$$\cos\varphi = \frac{P}{UI}$$

等效电阻

$$R = \frac{P}{I^2} = |Z|\cos\varphi \quad X = |Z|\sin\varphi$$

这种测量方法简称为三表法，它是测定交流阻抗的基本方法。

（2）从三表法测得的 U、I、P 数值还不能判别被测阻抗属于容性还是感性，一般可以用下列方法加以确定。

1）在被测元件两端并接一只适当容量的试验电容器，若电流表的读数增大，则被测元件为容性；若电流表的读数减小，则被测元件为感性。

试验电容器的电容量 C' 可根据下列不等式选定

$$B' < |2B|$$

式中：B' 为试验电容的容纳；B 为被测元件的等效电纳。

2）利用示波器测量阻抗元件的电流及端电压之间的相位关系，电流超前电压为容性，电流滞后电压为感性。

3）电路中接入功率因数表，从表上直接读出被测阻抗的 $\cos\varphi$ 值，读数超前为容性，读数滞后为感性。

本实验采用并接试验电容的办法来判别被测元件的性质。

（3）通常阻抗元件所消耗的有功功率可以用功率表测量。功率表的工作原理以及使用方法参见附录一中功率的测量及仪表的使用部分。

（4）前述交流参数的计算公式是在忽略仪表内阻的情况下得出来的，与伏安法类似，三表法有两种接线方式，如图 5 - 1 所示。若考虑到仪表的内阻，测量结果中显然存在方法误差，必要时需加以校正。

对于图 5 - 1（a）的电路，校正后的参数为

$$R' = R - R_1 = \frac{P}{I^2} - R_1$$

$$X' = X - X_1 = \sqrt{\left(\frac{U}{I}\right)^2 - \left(\frac{P}{I^2}\right)} - X_1$$

式中：R、X 分别为校正前根据测量计算得出的电阻值和电抗值；R_1、X_1 为电流表线圈及功率表电流线圈的总电阻值和总电抗值。

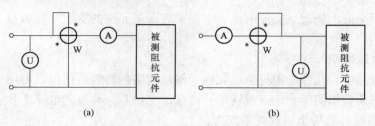

图 5-1　功率表电压线圈接法

（a）功率表电压线圈前接；（b）功率表电压线圈后接

对于图 5-1（b）电路，校正后的参数为

$$R' = \frac{U^2}{P'} = \frac{U^2}{P - P_U} = \frac{U^2}{P - \dfrac{U^2}{\dfrac{R_U R_{WU}}{R_U + R_{WU}}}}$$

$$X' \approx X$$

式中：P 为功率表测得的功率；P_U 为电压表与功率表电压线圈所消耗的功率；P' 为校正后的功率值；R_U 为电压表内阻；R_{WU} 为功率表电压线圈内阻。

（5）本实验中所用电源经单相调压器输出，关于单相调压器的简介参见附录一中交流调压器的使用部分。

三、实验设备

（1）单相调压器。

（2）交流电压表、交流电流表。

（3）功率表、功率因数表。

（4）电感性元件、电容性元件。

四、实验内容

（1）按图 5-2 接线，分别测量电感性元件 A 和电容性元件 B 的交流参数，测量数据记录于表 5-1。

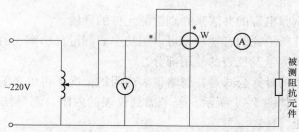

图 5-2　三表法交流参数测定实验电路图

（2）分别测量 A、B 串联和并联时的等效阻抗，并用实验方法判别阻抗的性质，测量数据记录于表 5-1。

（3）观察功率表电压线圈前接和后接对测量结果的影响。

表 5-1 　　　　　　　　　　　　交流参数测量及计算

被测元件	测量值			计算值						
	$U(V)$	$I(A)$	$P(W)$	$\cos\varphi$	$Z(\Omega)$	$R(\Omega)$	$X(\Omega)$	$Y(S)$	$G(S)$	$B(S)$
电感性元件 A										
电容性元件 B										
A、B 串联										
A、B 并联										

五、实验注意事项

（1）使用单相调压器前，先把电压调节手轮调至零位，接通电源后再从零位开始逐渐升压，做完每一项实验后，把调压器调回零位，然后断开电源。

（2）实验时，把所用仪表的内阻记录下来，以便校正读数。

（3）在表 5-1 的计算值中，注意 X 和 B 的正负号。

（4）本实验中电源电压较高，必须严格遵守安全操作规程，身体不要触及带电部位，以保证安全。

六、预习与思考题

（1）若用功率因数表替换三表法中使用的功率表，是否也能测出元件的等效阻抗？为什么？

（2）用三表法测参数时，为什么在被测元件两端并接电容可以判断元件的性质？试用相量图加以说明。

七、实验报告要求

（1）完成表 5-1 要求的各项计算，并用实验内容（1）的结果验证实验内容（2）的结果。

（2）由实测的元件 A、B 的参数绘出元件 A、B 串联时的阻抗三角形和并联时的导纳三角形，又由测得的元件 A、B 串、并联以后的参数作出其阻抗三角形和导纳三角形，对两者进行比较（注意坐标的比例要选择适当）。

（3）结合本实验分析功率表电压线圈前、后接对测量结果的影响。

（4）回答思考题。

实验六 RL 串联电路及功率因数的提高

一、实验目的
（1）研究提高线路功率因数的方法和意义。
（2）进一步熟悉、掌握使用交流仪表和自耦调压器。
（3）进一步加深对相位差等概念的理解。

二、实验原理说明

供电系统由电源（发电机或变压器）通过输电线路向负载供电。负载通常有电阻负载，如白炽灯、电阻器等，也有电感性负载，如电动机、电风扇等，一般情况下，这两种负载会同时存在。由于电感性负载有较大的感抗，因而功率因数较低。

若电源向负载传送的功率为 $P = UI\cos\varphi$，当功率 P 和供电电压 U 一定时，功率因数 $\cos\varphi$ 越低，线路电流 I 就越大，从而增加了线路电压降和线路功率损耗，若线路总电阻为 R_l，则线路电压降和线路功率损耗分别为 $\Delta U = IR_l$ 和 $\Delta P = I^2 R_l$。另外，负载的功率因数越低，表明无功功率越大，电源就必须用较大的容量和负载电感进行能量交换，电源向负载提供有功功率的能力就必然下降，从而降低了电源容量的利用率。因而，要提高供电系统的经济效益和供电质量，必须采取措施提高线路的功率因数。

提高线路功率因数的方法是在感性负载两端并联适当大小的电容器，使电源提供的无功功率 $Q = Q_L - Q_C$ 减小，而传送的有功功率 P 不变，从而使得线路功率因数提高，线路电流减小。当并联电容器 $Q_L = Q_C$ 时，电源提供的无功功率 $Q = 0$，此时功率因数 $\cos\varphi = 1$，线路电流最小。若继续并联电容器，将导致功率因数下降，线路电流增大，这种现象称为过补偿。负载功率因数可以用三表法测量电源电压 U、负载电流 I 和功率 P，用公式 $\lambda = \cos\varphi = \dfrac{P}{UI}$ 计算。

本实验的电感性负载用铁心线圈，电源用 220V 交流电经自耦调压器调压供电。

三、实验设备
（1）交流电压表、电流表、功率表。
（2）自耦调压器（输出交流可调电压）。
（3）日光灯管、镇流器、起辉器、电容若干。

四、实验内容
实验电路如图 6 - 1 所示。

1. 测量电感性负载的功率因数

在实验电路中，断开所有电容器，调整自耦调压器，使输出电压 $U = 220\text{V}$，测量日光灯两端的电压 U_R、镇流器两端的电压 U_L 及电流 I 和功率 P，数据记入表 6 - 1 中，并计算出功率因数。

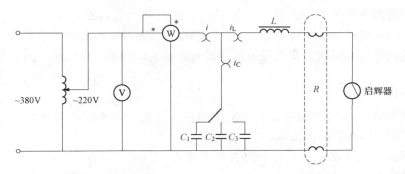

图 6 - 1　RL 串联电路及功率因数的提高实验电路

表 6 - 1　　　　　　**RL 串联电路及功率因数的提高数据表**

$C(\mu F)$	$U_L(V)$	$U_R(V)$	$I\,(A)$	$I_C(A)$	$I_{RL}(A)$	$P(W)$	$\cos\varphi$

2. 提高线路的功率因数

保持负载电压 $U=220V$，改变电容的数值（$0.47\mu F\sim5\mu F$），测量电流 I、电容电流 I_C、负载电流 I_{RL} 和功率 P（注意观察它们的变化情况），并计算出功率因数，记入表 6 - 1。

五、实验注意事项

（1）功率表要正确接入电路，通电时要经指导教师检查。

（2）注意自耦调压器的准确操作。

（3）本实验用电流插头和插座测量 3 个支路的电流。

（4）在实验过程中，一直要保持输出电压 $U=220V$，以便对实验数据进行比较。

六、预习与思考题

（1）一般的负载为什么功率因数较低？负载较低的功率因数对供电系统有何影响？

（2）为了提高电路的功率因数，常在感性负载上并联电容器，此时增加了一条电流支路，试问电路的总电流是增大还是减小？此时感性负载上的电流和功率是否改变？

（3）提高线路功率因数为什么只采用并联电容器法，而不用串联法？所并联电容器是否越大越好？

七、实验报告要求

（1）根据实验内容 1、2 数据，计算出使用日光灯和并联不同电容器时的功率因数，并说明并联电容器对功率因数的影响。

（2）根据表 6-1 中的电流数据，是否能说明 $I = I_C + I_{RL}$，为什么？

（3）画出所有电流和电源电压的相量图，说明改变并联电容器的大小时，相量图有何变化？

（4）根据实验数据，从减小线路电压降、线路功率损耗和充分利用电源容量两个方面说明提高功率因数的经济意义。

（5）回答思考题。

实验七　RLC 串联谐振电路的测量

一、实验目的

（1）加深理解电路发生谐振的条件、特点，掌握电路品质因数（电路 Q 值）、通频带的物理意义及其测定方法。

（2）学习用实验方法绘制 RLC 串联电路不同 Q 值下的幅频特性曲线。

（3）熟练使用信号源、频率计和交流毫伏表。

二、实验原理说明

在图 7-1 所示的 RLC 串联电路中，电路复阻抗为 $Z = R + \mathrm{j}\left(\omega L - \dfrac{L}{\omega C}\right)$。当 $\omega L = \dfrac{1}{\omega C}$ 时，$Z = R$，$\dot{U}$ 与 $\dot{I}$ 同相，电路发生串联谐振，谐振角频率 $\omega_0 = \dfrac{1}{\sqrt{LC}}$，谐振频率 $f_0 = \dfrac{1}{2\pi\sqrt{LC}}$。

在图 7-1 电路中，若 $\dot{U}$ 为激励信号，$\dot{U}_R$ 为响应信号，其幅频特性曲线如图 7-2 所示。在 $f = f_0$ 时，$\dfrac{U_R}{U} = 1$；$f \neq f_0$ 时，$\dfrac{U_R}{U} < 1$，呈带通特性。$\dfrac{U_R}{U} = 0.707$，即 $U_R = 0.707U$ 所对应的两个频率 f_1 和 f_2 为下限频率和上限频率，$f_1 - f_2$ 为通频带。通频带的宽窄与 Q 值有关，不同 Q 值的幅频特性曲线如图 7-3 所示。

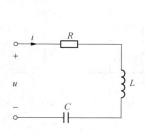
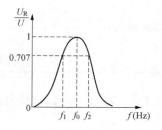
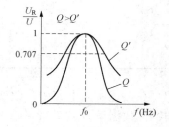

图 7-1　RLC 串联电路　　　图 7-2　幅频特性曲线　　　图 7-3　不同 Q 值的幅频特性曲线

电路发生串联谐振时，$U_R = U$，$U_L = U_C = QU$，Q 称为品质因数，与电路参数 R、L、C 有关。Q 值越大，幅频特性曲线越尖锐，通频带越窄，电路的选择性越好，在恒压源供电时，电路的品质因数、选择性与通频带只决定于电路本身的参数，而与信号源无关。在本实验中，用交流毫伏表测量不同频率下的 U、U_R、U_L、U_C，绘制 RLC 串联电路的幅频特性曲线，并根据 $\Delta f = f_2 - f_1$ 计算出通频带，根据 $Q = \dfrac{U_L}{U} = \dfrac{U_C}{U}$ 或 $Q = \dfrac{f_0}{f_2 - f_1}$ 计算出品质因数。

三、实验设备

（1）信号源（含频率计）。

（2）交流毫伏表。

（3）电阻、电容各若干。

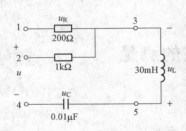

图 7 - 4　串联谐振电路

四、实验内容

实验电路如图 7 - 4 所示，图中 $L=30\text{mH}$，R、C 可选不同数值，信号源输出正弦波电压作为输入电压 u，调节信号源正弦波输出电压，并用交流毫伏表测量，使输入电压 u 的有效值 $U=1\text{V}$，并保持不变，信号源正弦波输出电压的频率用频率计测量。

（1）测量 RLC 串联电路谐振频率。选取 $R=200\Omega$，$C=0.01\mu\text{F}$，调节信号源正弦波输出电压频率，由小逐渐变大（注意要维持信号源的输出电压不变，用交流毫伏表不断监视），并用交流毫伏表测量电阻 R 两端电压 U_R，当 U_R 的读数为最大时，读得频率计上的频率值即为电路的谐振频率 f_0，并测量此时的 U_C 与 U_L 值（注意及时更换毫伏表的量限），将测量数据记入自拟的数据表格中。

（2）测量 RLC 串联电路的幅频特性。在上述实验电路的谐振点两侧，调节信号源正弦波输出频率，按频率递增或递减 500Hz 或 1kHz，依次各取 5 个测量点，逐点测出 U_R、U_L、U_C 值，记入表 7 - 1 中。

表 7 - 1　　　　　　　　　　幅频特性实验数据（$R=200\Omega$）

$f(\text{kHz})$											
$U_R(\text{V})$											
$U_L(\text{V})$											
$U_C(\text{V})$											

（3）在上述实验电路中，改变电阻值，使 $R=1\text{k}\Omega$，重复步骤（1）、（2）的测量过程，将幅频特性数据记入表 7 - 2 中。

表 7 - 2　　　　　　　　　　幅频特性实验数据（$R=1\text{k}\Omega$）

$f(\text{kHz})$											
$U_R(\text{V})$											
$U_L(\text{V})$											
$U_C(\text{V})$											

五、实验注意事项

（1）测试频率点的选择应在靠近谐振频率附近多取几点，在改变频率时，应调整信号输出电压，使其维持在 1V 不变。

（2）在测量 U_L 和 U_C 数值前，应将毫伏表的量限调节为约 10 倍，而且在测量 U_L 与 U_C 时，毫伏表的"＋"端接电感与电容的公共点 5。

六、预习与思考题

（1）根据实验（1）、（3）的元件参数值，估算电路的谐振频率，自拟测量谐振频率的数据表格。

（2）改变电路的哪些参数可使电路发生谐振，电路中 R 的数值是否影响谐振频率？

（3）如何判别电路是否发生谐振？测试谐振点的方案有哪些？

（4）电路发生串联谐振时，为什么输入电压 u 不能太大，如果信号源给出 1V 的电压，电路谐振时，用交流毫伏表测 U_L 和 U_C，应该选择用多大的量限？为什么？

（5）要提高 RLC 串联电路的品质因数，电路参数应如何改变？

七、实验报告要求

（1）电路谐振时，比较输出电压 U_R 与输入电压 U 是否相等？U_L 和 U_C 是否相等？试分析原因。

（2）根据测量数据，绘出不同 Q 值的三条幅频特性曲线：①$U_R = f(f)$；②$U_L = f(f)$；③$U_C = f(f)$。

（3）计算通频带与 Q 值，说明不同 R 值时对电路通频带与品质因素的影响。

实验八 三相交流电路测量

一、实验目的

（1）掌握三相负载作星形连接、三角形连接的方法，验证这两种接法下线、相电压，线、相电流之间的关系。

（2）充分理解三相四线制电力系统中线的作用。

（3）学会三相负载功率的测量方法。

二、实验原理说明

（1）三相负载可接成星形（又称"Y"连接）或三角形（又称"△"连接）。当三相对称负载作 Y 连接时，线电压 U_l 是相电压 U_p 的 $\sqrt{3}$ 倍。线电流 I_l 等于相电流 I_p，即

$$U_l = \sqrt{3}U_p, I_l = I_p$$

流过中线的电流 $I_N = 0$，所以可以省去中线。

当对称三相负载作三角形连接时，有

$$I_l = \sqrt{3}I_p, U_l = U_p$$

（2）不对称三相负载作星形连接时，必须采用三相四线制接法，即 Y_0 接法。而且中线必须牢固连接，以保证三相不对称负载的每相电压维持对称不变。倘若中线断开，会导致三相负载电压的不对称，致使负载轻的一相相电压过高，使负载遭受损坏；负载重的一相相电压又过低，使负载不能正常工作，因此，尤其是对于三相照明负载，无条件地一律采用 Y_0 接法。

（3）对于不对称负载作三角形连接时（不考虑线路阻抗）$I_l \neq \sqrt{3}I_p$，但只要电源的线电压 U_l 对称，加在三相负载上的相电压仍是对称的，对各相负载工作没有影响。

（4）三相电路的功率测量。根据供电线路形式与负载情况，常用一功率表法与二功率表法进行测量，一功率表法就是用一只单相功率表分别测量各相的有功功率，适用于三相四线制。二功率表法是在三相三线制电路中，不论对称与否，可使用两个功率表的方法来测量三相功率。

三、实验设备

（1）交流电压表、电流表，功率表。

（2）万用表。

（3）三相交流输出电源。

（4）组件的三相电路、白炽灯。

四、实验内容

1. 三相负载星形连接（三相四线制供电）

如图 8-1 所示连接实验电路，即三相灯组负载经三相自耦调压器接通三相对称电源，并将三相调压器的旋钮置于三相电压输出为 0V 的位置（即逆时针旋到底的位置），经指导教师检查合格后，方可合上三相电源开关，然后调节调压器的输出，使输出的三相线电压为

220V，并按以下的步骤完成各项实验：分别测量三相负载的线电压、相电压、线电流、中线电流、电源与负载中点间的电压，将所测得的数据记入表8-1中，并观察各相灯组亮暗的变化程度，特别要注意观察中线的作用。

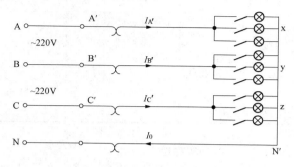

图8-1　三相负载星形连接

表8-1　　　　　　　　　　　　　　负载 Y 连接法各项实验数据表格

测量数据 / 实验内容（负载情况）	开灯盏数			线电流（A）			线电压（V）			相电压（V）			中线电流 I_0（A）	中点电压 $U_{NN'}$（V）
	A相	B相	C相	$I_{A'}$	$I_{B'}$	$I_{C'}$	$U_{A'B'}$	$U_{B'C'}$	$U_{C'A'}$	$U_{A'N'}$	$U_{B'N'}$	$U_{C'N'}$		
Y_0接平衡负载														
Y 接平衡负载														
Y_0接不平衡负载														
Y 接不平衡负载														

2. 负载三角形连接（三相三线制供电）

如图8-2所示改接线路，经指导教师检查合格后接通三相电源，并调节调压器，使其输出线电压为220V，并按表8-2的内容进行测试。

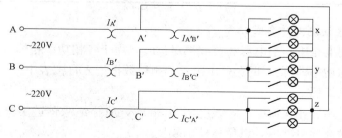

图8-2　三相负载三角形连接

表 8 - 2　　　　　　　　　　　　　　负载△连接法实验数据表格

负载情况	开灯盏数			线电压＝相电压（V）			线电流（A）			相电流（A）		
	A′B′相	B′C′相	C′A′相	$U_{A'B'}$	$U_{B'C'}$	$U_{C'A'}$	$I_{A'}$	$I_{B'}$	$I_{C'}$	$I_{A'B'}$	$I_{B'C'}$	$I_{C'A'}$
三相平衡												
三相不平衡												

3. 用二功率表法测定三相负载的总功率

如图 8 - 3 所示接线，将负载按△连接。

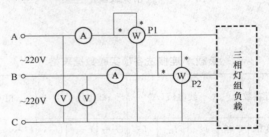

图 8 - 3　三相负载的总功率测定（二功率表法）

经指导教师检查后，接通三相电源，调节调压器的输出线电压为 220V，按表 8 - 3 的内容进行测量计算。

表 8 - 3　　　　　　　　　　二功率表法测定三相负载总功率实验数据表

负载情况	开灯盏数			测量数据（W）			计算值（W）
	A 相	B 相	C 相	P_1	P_2	$\sum P$	$\sum P$
△形接平衡负载	3	3	3				
△形接不平衡负载	1	2	3				

4. 用一功率表法测对称负载功率

在三相四线制电路中，当电源和负载都对称时，由于各相功率相等，只要用一只功率表测出任一相负载的功率即可。如图 8 - 4 接线，测得数据记入自拟表中。

五、实验注意事项

（1）本实验采用三相交流电源，线电压为 380V，应穿绝缘鞋进实验室。实验时要注意人身安全，不可触及导电部件，以免意外事故发生。

（2）每次接线完毕，同组同学应自查一遍，再由指导教师检查后，方可接通电源，必须

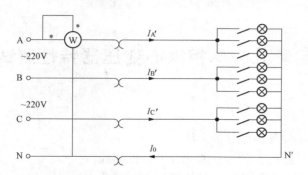

图 8-4 三相对称负载的总功率测定（一功率表法）

严格遵守先接线，后通电；先断电，后拆线的实验操作原则。

（3）星形负载作短路实验时，必须首先断开中线，以免发生短路事故。

（4）每次实验完毕，均需将三相调压器旋钮调回零位，如改接线，均需断开三相电源，以确保人身安全。

六、预习与思考题

（1）三相负载根据什么条件作星形或三角形连接？

（2）复习三相交流电路有关内容，试分析三相星形连接不对称负载在无中线情况下，当某相负载开路或短路时会出现什么情况？如果接上中线，情况又如何？

（3）本次实验中为什么要通过三相调压器将 380V 的交流电源电压降为 220V 的线电压使用？

（4）测量功率时，为什么通常在线路中都接有电流表和电压表？

七、实验报告要求

（1）用实验测得的数据验证对称三相电路中的 $\sqrt{3}$ 关系。

（2）用实验数据和观察到的现象，总结三相四线供电系统中线的作用。

（3）不对称三角形连接的负载，能否正常工作？实验是否能证明这一点？

（4）根据不对称负载三角形连接时的相电流值绘出相量图，并求出线电流值，然后与实验测得的线电流进行比较、分析。

实验九　单相铁心变压器特性测试

一、实验目的
(1) 学会测试变压器各项参数的方法。
(2) 学习测绘变压器的空载特性曲线与外特性曲线。
(3) 了解变压器的工作原理和运行特性。

二、实验原理说明
变压器工作原理电路如图 9-1 所示，一次绕组 AX 连接交流电源 u_1，二次绕组 ax 两端电压为 u_2，经开关 S 与负载阻抗 Z_2 连接。

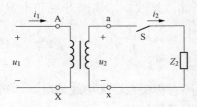

图 9-1　变压器工作原理电路图

1. 变压器空载特性
当变压器二次侧开关 S 断开时，变压器处在空载状态，一次侧电流 $I_1 = I_{10}$，称为空载电流，其大小和一次侧电压 U_1 有关，两者之间的关系特性称为空载特性，用 $U_1 = f(I_{10})$ 表示。由于空载电流 I_{10}（励磁电流）与磁场强度 H 成正比，磁感应强度 B 与电源电压 U_1 成正比，因而，空载特性曲线与铁心的磁化曲线（$B-H$ 曲线）是一致的。空载实验一般在低压绕组加电压，高压绕组开路。

2. 变压器外特性
当一次侧电压 U_1 不变，随着二次侧电流 I_2 增大（负载增大，阻抗 Z_2 减小），一、二次绕组阻抗电压降加大，使二次侧端电压 U_2 下降，这种二次侧端电压 U_2 随着二次侧电流 I_2 变化的特性称为外特性，用 $U_2 = f(I_2)$ 表示。

3. 变压器参数的测定
用电压表、电流表、功率表测得变压器一次侧的 U_1、I_1、P_1 及二次侧的 U_2、I_2，并用万用表 $R \times 1$ 挡测出一、二次绕组的电阻 R_1 和 R_2，即可算得变压器的各项参数值。

电压比为

$$K_u = \frac{U_1}{U_2}$$

电流比为

$$K_s = \frac{I_2}{I_1}$$

一次侧阻抗为

$$Z_1 = \frac{U_1}{I_1}$$

二次侧阻抗为

$$Z_2 = \frac{U_2}{I_2}$$

阻抗比为

$$K_Z = \frac{Z_1}{Z_2}$$

负载功率为

$$P_2 = U_2 I_2 \cos\phi$$

损耗功率为

$$P_0 = P_1 - P_2$$

功率因数为

$$\cos\varphi_1 = \frac{P_1}{U_1 I_1}$$

一次绕组铜耗

$$P_{Cu1} = I_1^2 R_1$$

二次绕组铜耗为

$$P_{Cu2} = I_2^2 R_2$$

铁耗

$$P_{Fe} = P_0 - (P_{Cu1} + P_{Cu2})$$

三、实验设备

（1）交流电压表、交流电流表、功率表。

（2）组件箱（含变压器 36V/220V，白炽灯 220V/40W）。

（3）三相调压器（输出可调交流电源）。

四、实验内容

（1）测绘变压器空载特性。实验电路如图 9-2 所示，将变压器的高压绕组（二次侧）开路，低压绕组（一次侧）与调压器输出端连接。

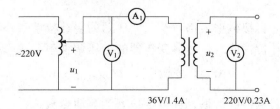

图 9-2　变压器空载特性测试实验电路图

　　确认三相调压器处在零位（逆时针旋到底位置）后，合上电源开关，调节三相调压器输出电压，使 U_1 从零逐次上升到 1.2 倍的额定电压（1.2×36V），总共取五点，分别记下各次测得的 U_1、U_{20} 和 I_{10} 数据，记入自拟的数据表格，绘制变压器的空载特性曲线。

　　（2）测绘变压器外特性并测试变压器参数，实验电路如图 9-3 所示，变压器的高压绕组与调压器输出端连接，低压绕组接 220V、40W 的白炽灯组负载。将调压器手柄置于输出电压为零的位置，然后合上电源开关，并调节调压器，使其输出电压等于变压器高压侧的额定电压 220V，分别测试负载开路及逐次增加负载（并联白炽灯）至额定值（$I_{2N}=1.4A$），总共取五点，各点分别记下五个仪表（见图 9-3）的读数，记入自拟的数据表格，绘制变压器外特性曲线。

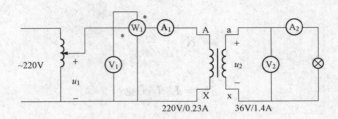

图 9-3　变压器外特性测试实验电路

五、实验注意事项

（1）使用三相调压器时应首先调至零位，然后才可合上电源。每次测量数据后，要将三相调压器手柄逆时针旋到零位置。

（2）实验过程中，必须用电压表监视调压器的输出电压，防止被测变压器输出过高电压而损坏实验设备，且要注意安全，以防高压触电。

（3）空载实验是将变压器作为升压变压器使用，而外特性实验是将变压器作为降压变压器使用。

（4）遇异常情况，应立即断开电源，待处理好故障后，再继续实验。

六、预习与思考题

（1）为什么空载实验将低压绕组作为一次绕组进行通电实验？此时，在实验过程中应注意什么问题？

（2）什么是变压器的空载特性，应如何测绘？从空载特性曲线如何判断变压器励磁性能的好坏？

（3）什么是变压器的外特性，应如何测绘？从外载特性曲线上如何计算变压器的电压调整率？

七、实验报告要求

（1）根据实验内容，自拟数据表格，绘出变压器的空载特性和外特性曲线。

（2）根据变压器的外特性曲线，计算变压器的电压调整率

$$\Delta U\% = \frac{U_{20} - U_{2N}}{U_{20}} \times 100\%$$

（3）根据额定负载时测得的数据，计算变压器的各项参数。

实验十　三相异步电动机的正、反转控制电路

一、实验目的
（1）掌握三相异步电动机正、反转控制电路的工作原理、接线及操作方法。
（2）了解三相异步电动机正、反转控制电路的应用。

二、实验原理说明

生产中电动机的旋转方向经常需要改变，根据三相异步电动机的原理，只须将电动机接到三相电源的三根电源线中的任意两根对调，改变通入电动机的三相电流相序即可。常用的控制电路可采用倒顺开关以及按钮、接触器等电器元件实现。

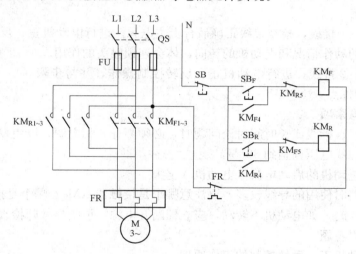

图 10 - 1　三相异步电动机正、反转控制电路图

图 10 - 1 为两个启动按钮分别控制两个接触器来改变通入电动机的三相电流相序，实现电动机正、反转的控制电路，其中，接触器 KM_F 用于电动机正转控制，接触器 KM_R 用于电动机反转控制，从主电路可以看出，如果两个接触器 KM_F、KM_R 由于误操作而同时工作，6 个主触点同时闭合，将造成三相电源短路，这是决不能允许的。因而，控制电路的设计，必须保证两个接触器 KM_F 和 KM_R 在任何情况下只能有一个工作，为此，在正转控制电路中串入一个反转接触器 KM_R 的辅助动断触点 KM_{R5}，在反转控制电路中串入一个正转接触器 KM_F 的辅助动断触点 KM_{F5}。这样，在正转接触器 KM_F 工作时，它的动断触点 KM_{F5} 断开，将反转控制电路切断；相反，在反转接触器 KM_R 工作时，它的动断触点 KM_{R5} 断开，将正转控制电路切断。这种相互制约的控制称为互锁控制，KM_{F5} 和 KM_{R5} 称为互锁触点。操作时，按正转启动按钮 SB_F，KM_F 线圈通电并自锁，接通正序电源，电动机正转；当要使电机反转时，必须先按下停车按钮 SB，使 KM_F 断电，然后再按反转启动按钮 SB_R，KM_R 线圈通电并自锁，实现电机的反转。

图 10 - 2 所示的正、反转控制电路，是在图 10 - 1 中控制电路的基础上增加了复合式按

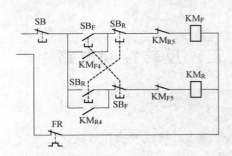

图 10-2　机械互锁正、反转控制电路图

钮的机械互锁环节。这种电路的优点是如果要使正转运行的电动机反转，不必先按停车按钮 SB，只要直接按下反转启动按钮 SB_R 即可；当然，从反转运行到正转，也是如此。这种电路具有电气和机械的双重互锁，不但提高了控制的可靠性，而且既可实现正转-停止-反转-停止的控制，又可实现正转-反转-停止的控制。

三、实验设备

（1）三相电源（提供三相四线制 380V、220V 电压）。

（2）三相异步电动机。

（3）组件箱（含接触器、继电器、吸引线圈，按钮等）。

四、实验内容

（1）按图 10-1 接线，检查接线正确后合上主电源。进行电动机正、反转控制操作，观察各交流接触器的动作情况和电动机的转向，体会连锁触头的作用。

（2）按图 10-2 接线，进行电动机正、反转控制操作，并与步骤（1）相比较，体会图 10-2 控制电路的优点。

五、实验注意事项

（1）每次接线、拆线或长时间讨论问题时，必须断开三相电源，以免发生触电事故。

（2）三相电源线电压调整到 380V。

（3）为减小电动机的启动电流，电动机 Y 连接。

（4）连接线路时使用的导线较多，要注意哪个是接触器 KM_F？哪个是接触器 KM_R？

（5）正常操作时，如电动机不转动，应立即断开电源，请指导教师检查。

六、预习与思考题

（1）分析电动机正、反转控制的工作原理。

（2）在图 10-1 控制电路中，误将接触器的辅助动合触点作为互锁触点串入另一个接触器控制电路中，会出现什么问题？

（3）试分析图 10-1 和图 10-2 控制电路在操作上有何区别？

（4）在图 10-2 控制电路中，有机械互锁，能否取消电气互锁？

七、实验报告要求

（1）根据实验现象，分析电动机正、反转控制的工作原理，说明互锁触点的作用。

（2）回答思考题（2）～（4）。

（3）总结自锁触点、连锁触点和互锁触点的作用。

第二部分 模拟电子技术实验

实验十一 单管交流放大电路

一、实验目的

（1）学习晶体管放大电路静态工作点的测试方法，进一步理解电路元件参数对静态工作点的影响，以及调整静态工作点的方法，深入理解放大器的工作原理。

（2）观察偏置电阻的变化对静态工作点及输出波形的影响。

（3）学习测量放大器的电压放大倍数，并了解负载电阻的变化对放大倍数的影响。

二、实验原理说明

图 11-1 是共射极单管交流放大电路原理图。其主要任务是不失真地对输入信号进行放大，为了使放大电路能够正常工作，必须设置合适的静态工作点 Q。

静态工作点是指放大器在静态（无输入信号）时，晶体管各极的直流量，即 I_B、I_C、I_E、U_B、U_C，它们可以用万用表的直流挡进行测量。这些量是互相关联的，在已确定的电路中，可以只测电压 U_C 和 U_B，再根据有关参数（R_C、β）求得 I_C、I_B。

如果设置的静态工作点不合适（如图 11-2 中的 Q1 或 Q2 点），则在输入信号稍大时，会使输出信号产生非线性失真。当工作点过高时，易产生饱和失真；工作点过低时，易产生截止失真。

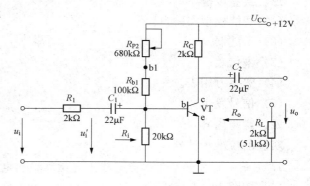

图 11-1 共射极单管交流放大电路

放大电路的静态工作点通常利用偏置电路来建立。当电路中的 R_C 和 U_{CC} 确定之后，工作点的调整主要通过调节偏置电路的电阻值来实现。在图 11-1 所示的固定偏置放大电路中，工作点的调整通过调节 R_{P2} 值实现。一般要求是：信号幅度较小时，在保证输出信号不失真的条件下，选择较低的静态工作点，以降低放大器的噪声和减少电源的能量损耗。输入信号较大时，工作点适当提高，直至负载线的中点。

放大器电压放大倍数 A_U 为输出电压 u_o 与输入电压的比值 u_i，即

$$A_U = \left| \frac{u_o}{u_i} \right| \tag{11-1}$$

测量输出电压 u_o 与输入电压 u_i 时需使用晶体管毫伏表，需要特别注意的是：测量 u_o 时要用示波器监视输出电压 u_o 的波形，只有在保证输出电压不失真的条件下测得的 u_o 才有

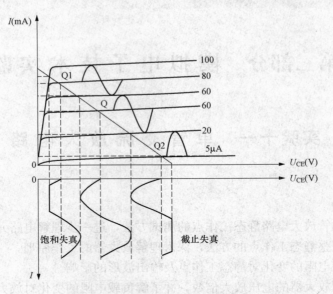

图 11 - 2　静态工作点与波形失真

意义。

三、实验设备

（1）智能模拟实验台。

（2）示波器。

（3）毫伏表。

（4）数字万用表。

（5）信号发生器。

四、实验内容

实验前校准示波器。

1. 测量并计算静态工作点、输入电阻和输出电阻

（1）按图 11 - 1 接线。

（2）将 U_{CC} 接 +12V 电源，调节电位器 R_{P2}，使 $U_C = 7V$ 左右。然后由函数信号发生器输入有效值 $U_i = 20\text{mV}$，频率 $f = 1000\text{Hz}$ 的正弦交流信号，用示波器观察输出波形是否失真，如有失真再重新调节 R_{P2} 至输出波形不失真为止。然后断开输入信号，用数字表测量静态工作点 U_C、U_E、U_B 及 U_{b1} 的数值，记入表 11 - 1 中。

表 11 - 1　　　　　　　　　　测量静态工作点实验数据

调整 R_{b2}	测　　　量			计　　　算	
U_C（V）	U_E（V）	U_B（V）	U_{b1}（V）	I_B（mA）	I_C（mA）

（3）按式（11-2）计算 I_B、I_C，并记入表 11-1 中。

$$I_B = \frac{U_{b1} - U_b}{100\text{k}\Omega} - \frac{U_b}{20\text{k}\Omega} \left.\right\}$$
$$I_C = \frac{U_{CC} - U_C}{R_C} \tag{11-2}$$

2. 测量放大倍数，并观察 R_L 的改变对放大倍数的影响

各仪器间相互连接的参考图如图 11-3 所示。

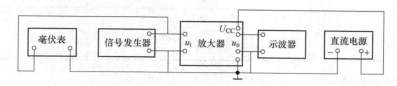

图 11-3　各仪器间相互连接图

负载电阻分别取 $R_L = 2\text{k}\Omega$、$R_L = 5.1\text{k}\Omega$ 和 $R_L = \infty$，输入接入 $f = 1\text{kHz}$、$u_i = 20\text{mV}$ 的正弦信号，用示波器监测 u_o 输出波形，在不失真的条件下测量 u_i 和 u_o，计算电压放大倍数：$A_U = u_o / u_i$，将测量数据填入对应表 11-2 中。

表 11-2　　　　　　　　　　　放大倍数测量数据一

R_L（kΩ）	u_i（mV）	u_o（V）	A_U
2			
5.1			
∞			

3. 测量放大倍数，并观察 R_C 的改变对放大倍数的影响

取 $R_L = 2\text{k}\Omega$，按表 11-3 改变 R_C，幅度以保证输出波形不失真为准，测量放大倍数，将数据填入表 11-3 中。

表 11-3　　　　　　　　　　　放大倍数测量数据二

R_C（kΩ）	u_i（mV）	u_o（V）	A_U
2			
3			

4. 观察静态工作点对放大器输出波形的影响

（1）输入信号不变，用示波器观察正常工作时输出电压 u_o 的波形，填入表 11-4。

（2）增大或减小 R_{P2} 的阻值，观察输出电压的变化，在输出电压波形出现明显失真时，把失真的波形描绘于表 11-4 中，并说明是哪种失真。

表 11 - 4　　　　　　　　　　　静态工作点对放大器输出波形的影响

阻　值	波　形	何种失真
正常		
R_{P2} 减小		
R_{P2} 增大		

五、实验注意事项

（1）测量 u_o 时要用示波器监视输出电压 u_o 的波形，只有在保证输出电压不失真的条件下测得的 u_o 才有意义。

（2）测量仪器保证共地线连接。

六、预习与思考题

（1）熟悉单管放大电路，掌握不失真放大的条件，了解饱和失真、截止失真和固有失真的形成及波形。

（2）了解负载变化对放大倍数的影响，掌握消除失真方法。

七、实验报告要求

（1）整理实验数据，填入对应表中，并按要求进行计算。

（2）分析输入电阻和输出电阻的测试方法。

（3）总结电路参数变化对静态工作点和电压放大倍数的影响，以及静态工作点对放大器输出波形的影响。

实验十二　两级阻容耦合放大电路

一、实验目的

（1）学习两级阻容耦合放大电路静态工作点的调整方法。

（2）学习两级阻容耦合放大电路电压放大倍数的测试方法。

二、实验原理说明

为获得较高的电压放大倍数，常采用多级放大电路，如图 12-1 所示。在阻容耦合放大电路中，由于极间耦合电容的隔直作用，使前后两级静态工作点互不影响，所以各级的静态工作点可以单独调试，使整个电路的温漂不会很大。

多级放大器中，前一级的输出信号就是后一级的输入信号，后一级的输入信号就是前一级的负载，总放大倍数等于各级放大倍数的乘积。

阻容耦合放大电路能克服温漂，但由于电路的耦合和旁路，低频特性差，不容易集成。放大器的放大倍数将随信号频率的变化而变化，放大器的级数越多，放大倍数越大，放大器的通频带就越窄。通常引入负反馈来改善放大器性能。

本实验采用阻容耦合放大电路，来说明对多级放大电路的分析和测试方法。

三、实验设备

（1）智能模拟实验台。

（2）示波器。

（3）数字万用表。

（4）交流毫伏表。

（5）信号发生器。

四、实验内容

两级阻容耦合放大电路的实验电路，如图 12-1 所示。

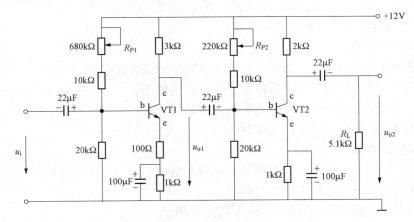

图 12-1　两级阻容耦合放大电路

1. 调整静态工作点

（1）调节电位器 R_{P1}，使 $U_{C1} =$（6～7）V；调节电位器 R_{P2}，使 U_{C2} 约为（6～7）V。

（2）从信号源输出 u_i 频率为 1kHz、幅度为 5mV 左右的正弦波（以保证二级放大器的输出波形不失真为准）。用示波器分别观察第一级和第二级放大器的输出波形，若波形有失真，亦可少许调节 R_{P1} 和 R_{P2}，直到使两级放大器输出信号波形都不失真为止。

（3）断开输入信号，用数字电压表测量晶体管 VT1 与 VT2 的各极电位，将数据记入表12-1中。

表 12-1 调整静态工作点实验数据

VT1			VT2		
U_{C1}（V）	U_{B1}（V）	U_{E1}（V）	U_{C2}（V）	U_{B2}（V）	U_{E2}（V）

2. 测量电压放大倍数

输入信号不变，按表12-2中给定的条件，分别测量放大器的第一级和第二级的输出电压 u_{o1}、u_{o2}，把数据记入表12-2中。

表 12-2 测量电压放大倍数实验数据

$R_L =$	测试输入与输出电压			计算电压放大倍数		
	u_i（mV）	u_{o1}（mV）	u_{o2}（V）	$A_{U1} = u_{o1}/u_i$	$A_{U2} = u_{o2}/u_{o1}$	$A_U = u_{o2}/u_i$
∞						
5.1kΩ						

五、实验注意事项

（1）实验前校准示波器。

（2）实验中如发现寄生振荡，可采用以下措施消除：

1）重新布线，尽可能走短线。

2）避免将输出信号的地引回到放大器的输入级。

3）晶体管 VT1 的 cb 间接电容为 30pF。

4）分别使用测量仪器，避免互相干扰。

六、预习与思考题

（1）熟悉单管放大电路，掌握不失真放大电路的调整方法。

（2）了解两级阻容耦合放大电路静态工作点的调整方法。

（3）复习两级阻容耦合放大电路电压放大倍数的计算。

（4）了解放大电路频率特性的基本概念。

七、实验报告要求

（1）根据实验数据计算两极放大器的电压放大倍数，说明总的电压放大倍数与各级放大倍数的关系以及负载电阻对放大倍数的影响。

（2）画出实验电路的幅频特性简图，标出 f_H 和 f_L。

实验十三 差动放大器

一、实验目的

（1）学习差动放大器零点调整及静态测试。

（2）进一步理解差模放大倍数的意义及测试方法。

（3）了解差动放大器对共模信号的抑制能力，测试共模抑制比。

二、实验原理说明

差动放大电路具有较多优点，除了能够有效地放大有用信号外，还对共模信号具有较强的抑制作用，并能减少零点漂移，所以被广泛地采用，电路的基本形式如图 13-1 所示。

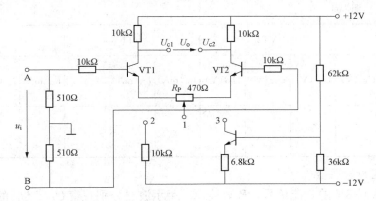

图 13-1 差动放大器电路

从形式上看，电路结构是对称的，但要找到两个特性完全一样的元件很困难，所以实际上电路不会完全对称，因此设置了零点调节器，A、B 点与地短接，调节 R_P 可使静态输出 $U_o = 0$。

公共射极电阻对共模信号有较强的负反馈作用，因此即使是单端输出的情况下，仍可使输出端的零点漂移比单管放大电路减小几十至几百倍。

通常采用共模抑制比 CMRR 来衡量差动放大电路的差模放大作用和共模抑制能力，其计算公式为

$$CMRR = 20\lg\left|\frac{A_{Ud}}{A_{Uc}}\right|\,(\mathrm{dB})$$

CMRR 愈大愈好，理想对称、双端输入时，CMRR=∞。

差动放大电路的输入方式有单端输入和双端输入，输出方式有单端输出和双端输出。差动放大电路的放大倍数只取决于输出方式，而与输入方式无关。单端输出的放大倍数为双端输出的一半，双端输出的差动放大电路的电压放大倍数与单管放大电路的电压放大倍数相同。

三、实验设备

（1）智能模拟实验台。

（2）示波器。

（3）信号发生器。

（4）交流毫伏表。

（5）万用表。

四、实验内容

按图 13 - 1 接线，1 点接 2 点，接通±12V 电源，并连接地线。

1. 静态测试

A、B 点与地短接，使 $U_i=0$，调节 R_P，用直流电压表调零，使 $U_o=0$。

2. 电路的静态工作点

测量两管静态工作点，并计算有关参数，填入表 13 - 1 中。

表 13 - 1　　　　　　　　　　　　　　电路的静态工作点实验数据

测　量　值						计　算　值					
VT1			VT2			VT1			VT2		
$U_{C1}(V)$	$U_{B1}(V)$	$U_{E1}(V)$	$U_{C2}(V)$	$U_{B2}(V)$	$U_{E2}(V)$	$I_{B1}(mA)$	$I_{C1}(mA)$	β_1	$I_{B2}(mA)$	$I_{C2}(mA)$	β_2

3. 差模电压放大倍数

由 A 端输入 0.8V 的直流信号，B 端接地。用示波器分别观察 U_{C1}、U_{C2} 的波形，在输出不失真的情况下，用直流电压表测量输入信号 U_i 及输出 U_{c1}、U_{c2} 值，计算差动放大器的差模电压增益 A_{Ud}，并将数据填入表 13 - 2。

4. 共模电压放大倍数

将 B 与地断开后与 A 短接，仍然由 A 端输入 0.8V 的直流信号，构成共模输入。然后用直流电压表测量 U_{c1}、U_{c2}，计算差动放大器的共模电压增益 A_{Uc}，并计算共模抑制此 $CMRR$，并将数据填入表 13 - 2。

5. 带恒流源的差动放大器

电路 1 点改接 3 点，换接成带恒流源的差动放大器，重复上述实验内容。并将实验数据填入表 13 - 2 中。

表 13 - 2　　　　　　　　　　　　　放　大　倍　数　测　量　数　据

项　　目	典型差动放大电路（$R=10k\Omega$）		恒流源差动放大器	
	差　模	共　模	差　模	共　模
$U_i(mV)$	B接地，A=（　）	AB短接=（　）	B接地，A=（　）	AB短接=（　）
$U_{c1}(mV)$				
$U_{c2}(mV)$				
$A_d=U_{c1}/U_i$		/		/

续表

项　目	典型差动放大电路（$R=10\text{k}\Omega$）		恒流源差动放大器	
	差　模	共　模	差　模	共　模
$A_{Ud}=U_o/U_i$		/		/
$A_c=U_{c1}/U_i$	/		/	
$A_{Uc}=U_o/U_i$	/		/	
$CMRR=$ $20\lg\left\lvert\dfrac{A_{Ud}}{A_{Uc}}\right\rvert$ （dB）				

五、实验注意事项

（1）测量前使 $U_i=0$，调整 R_P 使静态输出 $U_o=0$。

（2）注意共地线的连接。

六、预习与思考题

（1）说明差动放大器的工作原理。

（2）了解差动放大器对共模信号的抑制作用及对差模信号的放大作用。

（3）说明图 13-1 中 2 点所接的 $10\text{k}\Omega$ 电阻的作用。

（4）用恒流源代替公共射极电阻（2 点所接的 $10\text{k}\Omega$ 电阻）有什么好处？为什么？

七、实验报告要求

（1）整理实验数据，依据电路参数估算典型差动放大器与具有恒流源两种情况下的工作点及差模放大倍数，可取 $\beta_1=\beta_2=100$ 左右。

（2）总结两种情况下的优缺点。

实验十四 集成运算放大电路

一、实验目的

(1) 了解运算放大器的基本使用方法。

(2) 掌握加法运算、减法运算电路的基本工作原理及测试方法。

(3) 学会使用线性组件 μA741。

二、实验原理说明

运算放大器是输入电阻很高、输出电阻很小，且具有很高放大倍数的多级直接耦合放大器。一旦输入端接入微弱信号，输出端即可饱和，所以接成运算电路时必须引入较深的负反馈，形成闭环系统。另外，由于放大器容易产生自激振荡，使用时要接入消振电路，通常接入 RC 电路改变电路的频率特性，破坏其自激条件，以消除振荡。

图 14 - 1 为 μA741 外部接线图及管脚图，其中 R_W 为调零电位器，工作时接有两组电源，分别为 +12V 和 -12V。

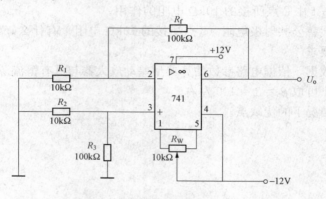

图 14 - 1 调零电路

运算放大器应用十分广泛，常用于信号运算、信号处理，如组成比例器、加法器、减法器、积分器、微分器、电压比较器等。

常见的运算电路有：

(1) 反相比例运算电路，见图 14 - 2。其运算关系为

$$U_o = -\frac{R_f}{R_1} U_i$$

(2) 同相比例运算电路，见图 14 - 3。其运算关系为

$$U_o = \left(1 + \frac{R_f}{R_1}\right)\frac{R_3}{R_3 + R_2} U_i$$

(3) 反相加法运算电路，见图 14 - 4。其运算关系为

$$U_o = -\left(\frac{R_f}{R_1} U_{i1} + \frac{R_f}{R_2} U_{i2}\right)$$

当 $R_f = R_1 = R_2$ 时，$U_o = -(U_{i1} + U_{i2})$。

（4）减法运算电路，见图 14-5。其运算关系为

$$U_{\circ} = \left(\frac{R_3}{R_2 + R_3}\right)\left(1 + \frac{R_f}{R_1}\right)U_{i2} - U_{i1}$$

当 $R_f = R_1 = R_2 = R_3$ 时，$U_{\circ} = U_{i2} - U_{i1}$。

三、实验设备

（1）智能模拟实验台。

（2）数字万用表。

四、实验内容

1. 调零

按图 14-1 接线，接通 ±12V 电源后，调节调零电位器 R_P，使输出 $U_{\circ} = 0$（小于 ±10mV），运放调零后，在后面的实验中均不用调零了。

2. 反相比例运算

电路如图 14-2 所示，根据电路参数计算 $A_U = U_{\circ}/U_i$，按表 14-1 给定的直流电压 U_i 值分别计算和测量对应的 $U_{\circ}$ 值，并将计算结果和实验数据记入表 14-1 中。

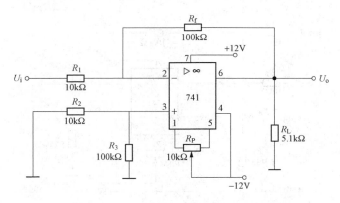

图 14-2 反向比例运算电路

表 14-1　　　　　　　　　　　　比例运算实验数据

内　　　容	项　　　目	
	反相比例运算	同相比例运算
输入直流电压 U_i(V)	0.5	0.5
理论计算值 $U_{\circ}$(V)		
实际测量值 $U_{\circ}$(V)		
实际放大倍数 A_U		

3. 同相比例运算

按图 14-3 接线。经检查无误后，接通 ±12V 电源。根据电路参数，按给定的 U_i 值分别计算和测量出 $U_{\circ}$ 值，并将计算结果和实测数据填入表 14-1 中。

4. 加法运算

按图 14-4 接线。经检查无误后，接通 ±12V 电源。按给定的 U_{i1}、U_{i2} 值分别计算和测

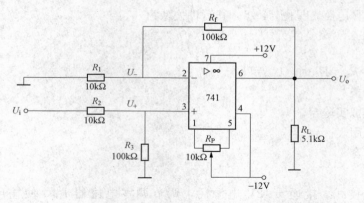

图 14 - 3　同向比例运算电路

量 $U_\circ$ 值，验证：$U_\circ = -\left(\dfrac{R_f}{R_1}U_{i1} + \dfrac{R_f}{R_2}U_{i2}\right)$，$R_3 = R_1 \parallel R_2 \parallel R_f$。将计算结果及实验数据填入表 14 - 2 中。

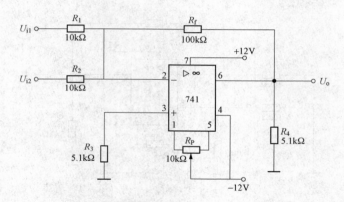

图 14 - 4　加法运算电路

表 14 - 2　　　　　　　　　　　　　　　加法和减法运算实验数据

内　　　容	项　　　目	
	加法运算	减法运算
输入直流电压 U_{i1}（V）	0.2	0.2
输入直流电压 U_{i2}（V）	0.6	0.6
计算值 $U_\circ$（V）		
实际测量 $U_\circ$（V）		

5. 减法运算

按图 14 - 5 接线。经检查无误后接通电源。按给定的 U_{i1}、U_{i2} 值分别计算和测量 $U_\circ$ 值，验证：$U = (U_{i2} - U_{i1})R_f/R_1$，$R_1 = R_2$，$R_4 = R_f$。将计算结果及测量值填入表 14 - 2 中。

五、实验注意事项

（1）注意地线的连接。

（2）注意 μA741 的调零。

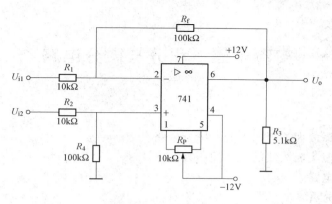

图 14 - 5　减法运算电路

六、预习与思考题

（1）了解运算放大器 μA741 的外部接线。

（2）为什么要调零，在什么条件下调零？

（3）由运算放大器构成的反相比例运算、同相比例运算、加法运算和减法运算电路的工作原理。

七、实验报告要求

（1）整理实验数据，填入表中。

（2）分析各运算关系。

（3）分析 U_i 超过一定值时，输出 U_o 电压现象。

实验十五　积分与微分电路

一、实验目的

(1) 学会用运算放大器组成积分、微分电路。

(2) 进一步掌握集成运放的正确使用方法。

(3) 学习设计电路。

二、实验原理说明

1. 积分电路

图 15-1 为采用集成运算放大器组成的基本积分运算电路。根据运算放大器工作在线性区时的"虚短"和"虚断"原则，可得

$$\left. \begin{array}{l} i_C = i_R = \dfrac{u_i}{R} \\ u_o = -u_C \end{array} \right\} \tag{15-1}$$

则

$$u_o = -\frac{1}{RC}\int u_i \, dt$$

式中：RC 为积分时间常数。

当 u_i 为阶跃电压时，实际输出电压 $u_o = -\dfrac{u_i}{RC}t$。这时充电电流 i_C 基本上保持恒定，故 u_o 是时间 t 的一次函数，从而提高了线性度。当然输出电压不会随时间 t 无限制增长，而是受集成运算放大器最大输出电压的限制。

在实用电路中，为了防止低频信号增益过大，常在电容上并联一个电阻加以限制，如图 15-1 中虚线所示。

2. 微分电路

微分运算是积分运算的逆运算。若将 15-1 中电阻 R 和电容 C 的位置互换，则得到基本微分运算电路，如图 15-2 所示。同样根据"虚短"和"虚断"原则，可得

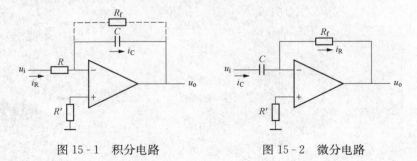

图 15-1　积分电路　　　　　图 15-2　微分电路

$$\left. \begin{array}{l} u_C = u_i \\ i_R = i_C = C\dfrac{du_i}{dt} \end{array} \right\} \tag{15-2}$$

则

$$u_{\mathrm{o}} = -i_{\mathrm{R}}R = -RC\frac{\mathrm{d}u_{\mathrm{i}}}{\mathrm{d}t}$$

即输出电压与输入电压的变化率成比例。

在图 15-2 所示电路中，无论是输入电压产生
的阶跃变化，还是脉冲式的大幅度干扰，都会使集
成运放内部的放大管进入饱和或截止状态，电路不
能正常工作。为解决上述问题，采用如图 15-3 所
示的实用微分运算电路，输入端串联的小阻值电阻
R_1 用以限制输入电流，也即限制了 R 中的电流。反
馈电阻 R 上并联了一个稳压二极管，用以限制输出
电压，也就保证集成运放中的放大管工作在放大区。
R 上并联了一个小容量电容 C_1，起相位补偿作用，
其目的是提高电路的稳定性。

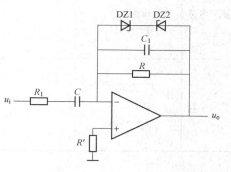

图 15-3　实用微分电路

三、实验设备

（1）智能模拟实验台。

（2）示波器。

（3）信号发生器。

四、实验内容

1. 积分电路

按图 15-4 接线。输入 $f=200\mathrm{Hz}$、$u=0.5\mathrm{V}$ 的方波信号，用双踪示波器观察 u_{i} 与 u_{o} 的
波形，将测量的波形和数据记入表 15-1 中。

2. 微分电路

按图 15-5 接线。输入 $f=200\mathrm{Hz}$、$u=0.5\mathrm{V}$ 的方波信号，用双踪示波器观察 u_{i} 与 u_{o} 的
波形，将测量的波形和数据记入表 15-1 中。

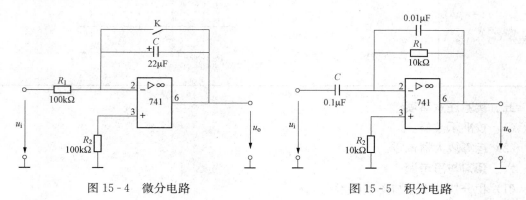

图 15-4　微分电路　　　　　　　　　　　图 15-5　积分电路

3. 积分—微分电路（自行设计）

参考电路如图 15-6 所示，实验数据记入表 15-2 中。

表 15-1　　　　　　　　　　　　**积分与微分电路实验数据**

电路类型	输　　入	输　出　波　形
积分电路	方波 $u_i = 0.5V$ $f = 200Hz$	u_i 〔方波波形〕 t u_o 〔波形〕 t
微分电路	方波 $u_i = 0.5V$ $f = 200Hz$	u_i 〔方波波形〕 t u_o 〔波形〕 t

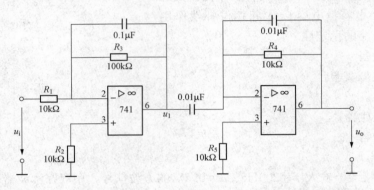

图 15-6　积分—微分电路

表 15-2　　　　　　　　　　　　**积分—微分电路实验数据**

电路类型	输　　入	输　出　波　形
积分—微分电路	方波 $u_i = 0.5V$ $f = 200Hz$	u_i 〔方波波形〕 t u_o 〔波形〕 t

五、实验注意事项

（1）校准示波器。

（2）运算放大器调零。

六、预习与思考题

（1）积分器的误差与哪些因素有关?

（2）如何改善积分运算电路及微分运算电路?

七、实验报告

（1）对实验中的数据和观察的波形进行整理及总结。

（2）将实验结果与理论计算进行比较，分析误差来源。

实验十六　负反馈放大电路

一、实验目的

(1) 熟悉负反馈放大电路性能指标的测试方法。

(2) 通过实验加深理解负反馈对放大电路性能的影响。

二、实验原理说明

在放大电路中，静态工作点不但决定了电路是否会产生失真，而且还影响着电压放大倍数、输入电阻等动态参数。实际上，电源电压的波动、元件的老化以及因温度变化所引起的晶体管参数的变化，都会造成静态工作点的不稳定，从而使动态参数不稳定，甚至造成电路无法正常工作。为改善放大电路的性能，稳定静态工作点，通常在放大电路中引入负反馈环节。

负反馈是指引回的反馈信号消弱输入信号而使放大电路的放大倍数降低。根据反馈量对输出端的取样方式和与输入量的叠加方式的不同，负反馈共有四种组态，即电压串联负反馈、电压并联负反馈、电流串联负反馈和电流并联负反馈。

负反馈对放大电路性能的影响如下：

(1) 稳定放大倍数，当然稳定性以损失放大倍数为代价。

(2) 改善波形失真，抑制干扰和噪声等。

(3) 展宽频带。

(4) 改变输入电阻。串联负反馈增大输入电阻，并联负反馈减小输入电阻。

(5) 改变输出电阻。电流负反馈增大输出电阻，电压负反馈减小输出电阻。

三、实验设备

(1) 智能模拟实验台。

(2) 示波器。

(3) 毫伏表。

(4) 数字万用表。

四、实验内容

电路如图 16-1 所示。

1. 调整静态工作点

连接 a、a′点，使电路处于反馈工作状态。经检查无误后接通电源。调整 R_{P1}、R_{P2}，使 U_{C1}、U_{C2} 均为 6～7V，测量各级静态工作点，并将数据填入表 16-1。然后断开电路测量并记录偏置电阻。

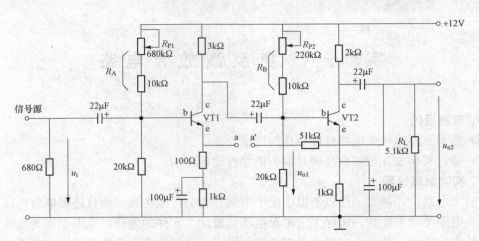

图 16-1 负反馈放大电路

表 16-1 测量静态工作点实验数据

待测参数	$U_{C1}(V)$	$U_{B1}(V)$	$U_{E1}(V)$	$U_{C2}(V)$	$U_{B2}(V)$	$U_{E2}(V)$	$R_{P1}(k\Omega)$	$R_{P2}(k\Omega)$
测量值								

2. 观察负反馈对放大倍数的影响

（1）从信号源输出频率为 1kHz、幅值为 5mV 左右的正弦波 u_i，作为负反馈放大电路的输入信号（以保证二级放大器的输出波形不失真为准）。

（2）输出端不接负载，分别测量电路在无反馈（a 与 a′断开）与有反馈工作时（a 与 a′连接）空载下的输出电压 u_o，同时用示波器观察输出波形，注意波形是否失真。若失真，则减少 u_i。将实验所得数据记入表 16-2 中。

表 16-2 负反馈对放大倍数的影响实验数据

工作方式	待测参数	u_i(mV)	u_o(V)	A_U（测量）
无反馈	$R_L=\infty$			
	$R_L=5.1k\Omega$			
有反馈	$R_L=\infty$			
	$R_L=5.1k\Omega$			

3. 观察负反馈对波形失真的影响

（1）电路无反馈（a 与 a′断开），$E_c=12V$，$R_L=5.1k\Omega$，逐渐加大信号源的幅度，用示波器观察输出波形。当其出现临界失真时，用毫伏表测量 u_i、u_o 临界值，并记录波形，记入表 16-3 中。

（2）电路接入反馈（a 与 a′连接），$E_c=12V$，$R_L=5.1k\Omega$，输入信号 u_i 保持无反馈时的临界值，用毫伏表测量 u_i、u_o 值，并记录波形，记入表 16-3 中。

表 16-3　　　　　　　　　　　　负反馈对波形失真的影响实验数据

工作方式 ＼ 待测参数	u_i(mV)	u_o(V) 临界失真	u_o 波形
无反馈（u_i 取测临界值）			
有反馈（u_i 取无反馈临界值）			

五、实验注意事项

实验中如发现寄生振荡，可采用以下措施消除：

(1) 重新布线，尽可能走短线。

(2) 避免将输出信号的地引回到放大器的输入级。

(3) 晶体管 VT1 的 cb 间接电容为 30pF。

(4) 分别使用测量仪器，避免互相干扰。

六、预习与思考题

(1) 熟悉单管放大电路，掌握不失真放大电路的调整方法。

(2) 熟悉两级阻容耦合放大电路静态工作点的调整方法。

(3) 了解负反馈对放大电路性能的影响。

七、实验报告要求

(1) 整理实验数据，填入表中，并按要求进行计算。

(2) 总结负反馈对放大器性能的影响。

实验十七　RC 正弦波振荡器

一、实验目的

（1）学习 RC 正弦波振荡器的组成及其振荡条件。

（2）学习如何设计、调试上述电路和测量电路输出波形的频率、幅度。

二、实验原理说明

正弦波振荡电路用来产生一定频率和幅度的交流信号。常用的正弦波振荡电路由 LC 振荡电路和 RC 振荡电路两种。

RC 振荡电路如图 17-1 所示，它由放大电路、选频网络、正反馈网络和稳幅环节组成。RC 串并联选频网络既为选频网络，又为正反馈网络。振荡电路的输出电压 u_o 是选频电路的输入电压。选频电路的输出电压 u_f 是运算放大器的输入电压。

为产生自激振荡，必须满足的相位条件和振幅条件如下：

（1）相位平衡条件为 $\varphi_A + \varphi_F = 2n\pi$。

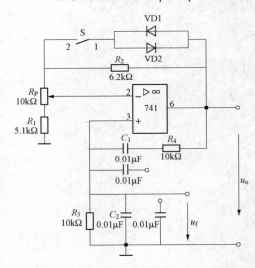

图 17-1　文氏电桥 RC 正弦波振动器

（2）幅度条件为 $|\dot{A}\dot{F}| = 1$。

为了使输出量有一个从小到大直至平衡在一定幅值的过程，电路的起振条件为 $|\dot{A}\dot{F}| > 1$。

图 17-1 利用二极管正向伏安特性的非线性实现 $|\dot{A}\dot{F}| > 1$ 到 $|\dot{A}\dot{F}| = 1$ 的自动稳幅过程。

三、实验设备

（1）智能模拟实验台。

（2）示波器。

（3）交流毫伏表。

四、实验内容

按图 17-1 接线。本电路为文氏电桥 RC 正弦波振荡器，可用来产生频率范围宽、波形较好的正弦波。电路由放大器和反馈网络组成。

1. 有稳幅环节的文氏电桥振荡器

（1）连接 1、2 两点，接通电源，用示波器观测有无正弦波电压 u_o 输出。若无输出，可调节 R_P，使 u_o 为无明显失真的正弦波，并观察 u_o 值是否稳定。用毫伏表测量 u_o 和 u_f 的有效值 U_o、U_f，填入表 17-1 中。

表 17-1　　　　　有稳幅环节的文氏电桥振荡器实验数据

U_o （V）	U_f （V）

（2）观察在 $R_3 = R_4 = 10\text{k}\Omega$、$C_1 = C_2 = 0.01\mu\text{F}$ 和 $R_3 = R_4 = 10\text{k}\Omega$、$C_1 = C_2 = 0.02\mu\text{F}$ 两

种情况下的输出电压 u_o。（调节 R_P，在保证输出波形不失真的情况下，分别测量 U_o 的最小、最大值）和 f_0，并记录其波形，分别填入表 17-2 和表 17-3 中。

2. 无稳幅环节的文氏电桥振荡器

断开 1、2 两点的接线，接通电源，调节 R_P，使输出电压 u_o 为不失真的正弦波，分别测量 U_o（调节 R_P，在保证输出波形不失真的情况下，分别测量 U_o 的最小、最大值）和 f_0，分别填入表 17-2 和表 17-3 中。

表 17-2　　　　　　　　　无稳幅环节的文氏电桥振荡器实验数据一

电路类型	$R=10\text{k}\Omega$　$C=0.01\mu\text{F}$			$R=10\text{k}\Omega$　$C=0.02\mu\text{F}$		
	U_o（V）		f_0（kHz）	U_o（V）		f_0（kHz）
	最小	最大		最小	最大	
有稳幅环节的文氏电桥振荡器						
无稳幅环节的文氏电桥振荡器						

表 17-3　　　　　　　　　无稳幅环节的文氏电桥振荡器实验数据二

	C（μF）	输　出　波　形	f_0（Hz）
无稳幅	0.01		
	0.02		
有稳幅	0.01		
	0.02		

五、实验注意事项

注意 μA741 的调零。

六、预习与思考题

(1) 振荡器的选频网络由哪些环节构成，并说明其工作原理。

(2) 振荡器中可以不引入负反馈吗？

(3) 如何稳定振荡器的输出？

七、实验报告

(1) 整理实验数据，填写表格。

(2) 测试 u_o 的频率并与计算结果比较，解释两者不同的原因。

(3) 在 RC 振荡电路中，为什么引入负反馈网络。

实验十八　整流、滤波、稳压电路

一、实验目的
（1）比较半波整流与桥式整流的特点。
（2）了解稳压电路的组成和稳压作用。
（3）熟悉集成三端可调稳压器的使用。

二、实验原理说明

1. 整流电路
利用二极管的单向导电性，将交流电压变换为单向脉动电压。

单相半波整流电路的整流电压平均值为 $U_o=0.45U_i$（有效值）。

单相全波和单相桥式整流电路的整流电压平均值为 $U_o=0.9U_i$（有效值）。

三相半波整流电路的整流电压平均值为 $U_o=1.17U_i$（有效值）。

三相桥式整流电路的整流电压平均值为 $U_o=2.34U_i$（有效值）。

上述整流电压平均值均未考虑二极管的导通压降，实际测量值应略小于理论值。

2. 滤波电路
为了改善输出电压的脉动程度，一般在整流后，还需利用滤波电路将脉动的直流电压变为平滑的直流电压。

采用电容滤波时，输出电压的脉动程度与电容器的放电时间常数 $R_L C$ 有关。$R_L C$ 大一些，脉动就小一些。为了得到比较平直的输出电压，一般要求 $R_L C \geqslant (3\sim5) T/2$。对于单相桥式整流电路，当 $R_L C=(3\sim5) T/2$ 时，$U_o \approx 1.2U_i$（有效值）。

3. W7800 稳压电路
经整流和滤波后的输出电压会随电网电压波动和负载的变化而变化。为了获得稳定性更好的直流电压，可采取稳压管稳压电路、串联型稳压电路、恒压源和集成稳压电源等稳压措施。

由 W7800 系列稳压器所组成的稳压电路是一种简单的直流稳压电源。W7800 系列输出固定的正电压有 5、8、12、15、18V 及 24V。使用时只需在其输入端和输出端与公共端之间各并联一个电容即可（参见图 18-4）。C_i 用以抵消输入端较长接线的电感效应，防止产生自激振荡，接线不长时可以不用。C_o 是为了瞬时增减负载电流时不致引起输出电压有较大的波动。C_i 一般为 $0.1\sim1\mu F$，C_o 可用 $1\mu F$。

4. 可调三端集成稳压电路
图 18-5 为由 371 可调三端集成芯片构成的稳压电路。该电路结构简单，只需用两个外接电阻便可方便地调节输出电压。输出端电压表达式如下

$$U_o=1.25\left(1+\frac{R_{P1}}{R_1}\right)+I_{ADJ}R_2$$

其中，I_{ADJ} 约为 $100\mu A$，可忽略不计。

三、实验设备
（1）智能模拟实验台。

（2）示波器。

（3）数字万用表。

四、实验内容

首先校准示波器。

1. 半波整流与桥式整流

（1）分别按图 18-1 和图 18-2 接线。

（2）在输入端接入交流 14V 电压，调节 R_P 使 $I_o=20mA$ 时，用数字万用表测量 U_o，同时用示波器的 DC 挡观察输出波形，记入表 18-1 中。

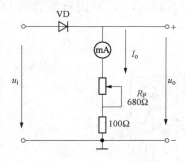

图 18-1　半波整流电路

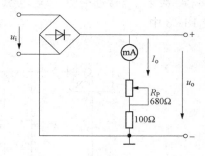

图 18-2　桥式全波整流电路

表 18-1　　　　　　　　　　　半波和桥式整流电路实验数据

	U_i（V）	U_o（V）	I_o（A）	U_o 波　形
半　波				
桥　式				

2. 加电容滤波

上述实验电路不变，在桥式整流后面加电容滤波，如图 18-3 接线，比较并测量接 C 与不接 C 两种情况下的输出电压 U_o 及输出电流 I_o，并用示波器观测输出波形，记入表 18-2 中。

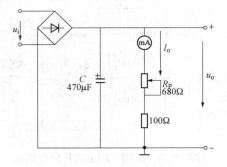

图 18-3　桥式整流滤波电路

表 18-2		电容滤波电路实验数据		
	U_i（V）	U_o（V）	I_o（A）	波　形
有 C				
无 C				

3. 三端集成稳压器

按图 18-4 接线，当接通交流 14V 电源后，测出 U_i、U_o，并用示波器的 DC 挡观测波形，记入表 18-3 中。

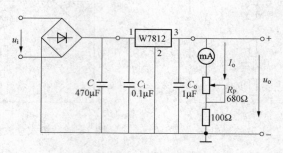

图 18-4　三端集成稳压电路

表 18-3		W7812 稳压电路实验数据		
I_o（mA）	U_i（V）	U_o（V）	U_{Ao}波　形	U_o波　形
25				
50				

4. 可调三端集成稳压电路（串联稳压电路）

（1）按图 18-5 接线。

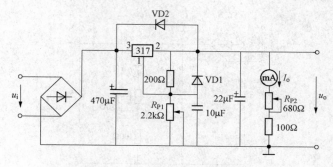

图 18-5　可调三端集成稳压电路

（2）输入端接通交流 14V 电源，调整 R_{P1}，测出输出电压调节范围。记入表 18-4 中。

表 18 - 4 可调三端集成稳压电路实验数据

	R_{P1max}		R_{P1min}	
U_i（V）				
U_o（V）				

五、实验注意事项

（1）在连接桥式整流电路时，注意二极管的方向。

（2）注意 7812 的引脚和连线。

六、预习与思考题

（1）二极管半波整流和全波整流的工作原理及整流输出波形。

（2）整流电路分别接电容、稳压管及稳压电路时的工作原理及输出波形。

（3）熟悉三端集成稳压器的工作原理。

七、实验报告要求

（1）比较半波整流与桥式整流的特点。

（2）说明滤波电容 C 的作用。

（3）比较稳压二极管的稳压作用和可调三端稳压器的稳压作用。

（4）计算三端集成稳压电路的稳压系数和电压、负载调整率。

实验十九　电压/频率转换电路

一、实验目的
（1）学习电压/频率转换电路。
（2）学习电路参数的调整方法。

二、实验原理说明

电压/频率转换电路的功能是将输入直流电压转换成频率与其数值成正比的输出电压，也称为电压控制振荡电路，简称压控振荡电路，如图 19-1 所示。第一个运算放大器组成的电路是滞回比较器，其输出电压 U_{o1} 的幅值被限制在 $+U_Z$ 或 $-U_Z$，阈值电压 U_{+1} $=\pm\dfrac{R_{P1}}{R_2}U_Z$。第二个运算放大器组成积分电路。

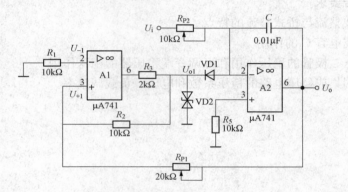

图 19-1　电压/频率转换电路

电路的工作已稳定后，当滞回比较器的输出 U_{o1} 为 $+U_Z$ 时，A1 同相端的电位为 $U_{+1}=$ $\dfrac{R_{P1}}{R_{P1}+R_2}U_Z+\dfrac{R_2}{R_2+R_{P1}}=U_{o1}$，比较器的参考电压 $U_{-1}=0$。要使 U_{o1} 从 $+U_Z$ 翻转为 $-U_Z$，必须在 $U_{+1}=U_{-1}=0$ 时，也即 $U_o=-\dfrac{R_{P1}}{R_2}U_Z$。在这段时间内，$U_i$ 通过 R_{P2} 向电容 C 充电，U_o 逐渐减小，当 U_o 减小至阈值电压 $-\dfrac{R_{P1}}{R_2}U_Z$ 时，U_{o1} 翻转为 $-U_Z$，此时电容 C 通过 VD1 放电。U_o 逐渐增大，当增大至 $+\dfrac{R_{P1}}{R_2}U_Z$ 时，U_{o1} 翻转为 $+U_Z$，电路重复上述过程，产生自激振荡，在输出端得到一个锯齿波，如图19-2 所示。

调整 R_{P1} 可调节阈值电压，调整 U_i 和 R_{P2} 可改

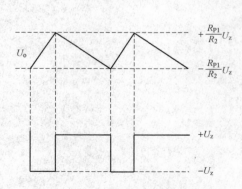

图 19-2　电压/频率转换电路波形
变充电速度。

三、实验设备

（1）智能模拟实验台。

（2）示波器。

（3）数字万用表。

四、实验内容

（1）实验参考电路如图 19-1 所示，运算放大器接±12V 电源。该电路实际上为典型的 U/f 转换电路。当输入信号为直流电压时，输出 U_o 将出现与其有一定函数关系的频率振荡波形（锯齿波）。

（2）学习用示波器观察输出波形的周期，然后换算为频率，并观察幅值。

（3）输入 $U_i = 4V$，调整 R_{P1}、R_{P2} 使输出 U_o 为锯齿波。

（4）改变输入电压（在 0~4V 选取），测量频率，将测量结果记入表 19-1。

表 19-1   电压/频率转换电路实验数据

U_i(V)									
U_o(V)									
f(Hz)									
U_o 波形									

五、实验注意事项

（1）注意地线的连接。

（2）注意 $\mu A741$ 的调零。

六、预习与思考题

（1）熟悉滞回比较器。

（2）熟悉积分电路。

（3）若 $U_i < 0$，电路应作何改进，输出波形如何。

（4）分析电路的工作原理，分析 U_i 与 U_o 的关系。

七、实验报告

（1）整理数据，填入表格内。

（2）分析电路工作原理，推断 U_i 与 U_o 的关系。

（3）画出电压/频率曲线。

第三部分 数字电子技术实验

实验二十 TTL集成逻辑门的逻辑功能与参数

一、实验目的

（1）了解 TTL 集成门电路各参数的意义，加深对逻辑门功能的认识。

（2）掌握 TTL 集成门电路的逻辑功能和参数测试方法。

（3）根据测试结果会判断器件的性能好坏。

二、实验原理说明

在数字电路设计中使用最多的是与、或、非、异或、同或等基本的集成门电路，其性能指标在制造过程中就已确定，无法对其参数进行调整。因此，为保证设计电路能满足要求，以及稳定可靠地工作，在使用逻辑门前应对其功能与参数进行测试。

TTL 集成与非门是数字电路中广泛使用的一种基本逻辑门，本实验采用双 4 输入与非门 74LS20 进行测试，该芯片外形为 DIP 双列直插式结构。在一块集成块内包含有两个互相独立的与非门，每个与非门有四个输入端，其原理电路、逻辑符号和管脚排列如图 20‑1 所示。

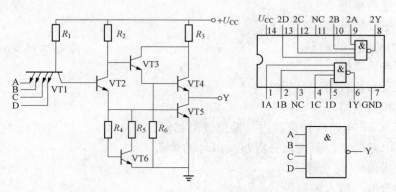

图 20‑1 74LS20 内部结构和引脚排列图

TTL 集成电路 DIP 封装芯片引脚排列判断方法：以 74LS20 为例，正对芯片印字面，使芯片有缺口的一端朝左，然后从芯片左下脚开始，顺时针方向数，下排引脚从左往右编号为 1～7 脚，上排引脚从右往左编号为 8～14 脚。74LS20 电路的引脚定义为：1、2、4、5 脚为第一个 4 输入与非门的 4 个输入端，6 脚为其输出端；9、10、12、13 脚为第二个 4 输入与非门的 4 个输入端，8 脚为其输出端；3、11 脚为空无用。7 脚接地，14 脚为＋5V 电源输入脚。

TTL 与非门逻辑功能是：当输入端中有一个或一个以上是低电平"0"时，输出端为高

电平"1"；当输入端全部为高电平"1"时，输出端为低电平"0"。其逻辑表达式为

$$Y = \overline{ABCD} \tag{20-1}$$

TTL与非门的主要参数如下。

1. 输出高电平 U_{oH}

输出高电平 U_{oH} 是指一个（或几个）输入端是低电平时的输出电平。U_{oH} 典型值约为 3.5V，产品规范值 $U_{oH} \geqslant (2\sim4)\text{V}$，标准高电平 $U_{SH} = (2\sim4)\text{V}$。

2. 输入短路电流 I_{iS}

当一输入端接地而其余输入端悬空时，流过这个输入端的电流称为输入短路电流 I_{iS}，产品规范值 $I_{iS} \leqslant 1.6\text{mA}$。

3. 输出低电平 U_{oL}

输出低电平 U_{oL} 是指输入全为高电平时的输出电平。产品规范值 $U_{oL} \leqslant 0.4\text{V}$，标准低电平 $U_{SL} = 0.4\text{V}$。输出低电平 U_{oL} 的测试应在满负载情况下进行。

4. 扇出系数 N_o

扇出系数即带负载的个数。如 U_{oL} 不超过标准地电平 U_{SL} 时，允许灌入的最大负载电流为 I_L，则扇出数 $N_o = I_L/I_{iS}$。对典型电路 $N_o \geqslant 8$。

5. 开门电平 U_{ON}

在额定负载下使输出电平达到标准低电平 U_{SL} 的输入电平，称为开门电平，产品规范规定 $U_{ON} < 2\text{V}$。

6. 关门电平 U_{OFF}

使输出电平上升到标准高电平 U_{SH} 的输入电平。关门电平的典型值为 1V，一般取 $U_{OFF} > 0.8\text{V}$。

7. 空载功耗

与非门的空载功耗是当与非门空载时，电源总电流 I_{CC} 与电源电压 U_{CC} 的乘积。当输出为低电平时的功耗，称为空载导通功耗 P_{ON}；当输出为高电平时的功耗，称为空载截止功耗 P_{OFF}。

与非门的平均功耗 P 则表示与非门空载导通功耗 P_{ON} 和空载截止功耗 P_{OFF} 的平均值，即

$$P = \frac{P_{ON} + P_{OFF}}{2} = \frac{I_1 U_{CC} + I_2 U_{CC}}{2} = \frac{(I_1 + I_2) U_{CC}}{2} \tag{20-2}$$

式中：I_1 为电源导通电流；I_2 为电源截止电流。

平均功耗 P 用于估计集成电路的发热、热损耗及选用电源的主要依据。

8. 高电平输入电流 I_{iH}

高电平输入电流又称为输入漏电流或输入交叉漏电流，它是指某一输入端接高电平，而其他输入端接地时的输入电流，一般 $I_{iH} < 50\mu\text{A}$。

9. 电压传输特性

与非门输出电压与输入电压的关系常用电压传输特性来描述，如图 20-2 所示，从电压传输特性上可直观反

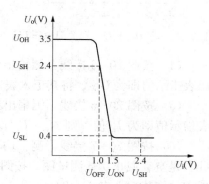

图 20-2　电压传输特性

映各电压参数的物理意义。

三、实验设备

（1）实验箱（台）1个。

（2）万用表1块。

（3）74LS20（双4输入与非门）1片。

（4）电位器（200Ω）1个。

（5）可调电位器（1kΩ）1个。

四、实验内容与步骤

1. 电压传输特性的测试

按图 20-3 所示电路接线，调整 R_P 得到表 20-1 所需输入电压 U_i，测量 U_o，并将测量结果填入表 20-1 中。

表 20-1　　　　　　　　　　　　　　电压传输特性测试表

U_i(V)	0.2	0.4	0.6	0.7	0.8	0.9	1.0	1.1	1.2	1.3	1.4	1.5	1.6	2.0	2.4	3.0
U_o(V)																

2. 主要参数测试

（1）按图 20-3 接线，测试开门电平 U_{ON} 和关门电压 U_{OFF}。调整 R_P 使 U_o 下降至 0.4V（毫安表指示值为 12.8mA），此时 PV1 指示值即为 U_{ON}，将其记入表 20-2。

调整 R_P 使 U_o 值上升至 2.4V，此时的 PV1 指示值即为 U_{OFF}，将其记入表 20-2。

（2）按图 20-4 接线，测输出高电平 U_{oH}。电压表指示值即为 U_{oH}，将其记入表 20-2。

（3）按图 20-5 接线，测输入短路电流 I_{is}。电流表指示值即为 I_{is}，将其记入表 20-2。

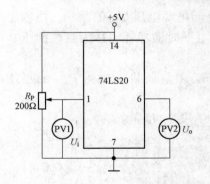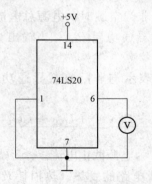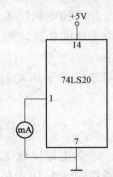

图 20-3　开门电平 U_{ON} 和关门电压 U_{FF}　　图 20-4　测高电平输出电压 U_{OH}　图 20-5　测低电平输入电流 I_{is}

（4）按图 20-6 接线，测输出低电平 U_{oL}。测试时应保证毫安表指示值为 12.8mA，电压表指示值即为 U_{oL}，将其记入表 20-2。

（5）按图 20-6 接线，测扇出系数 N_o。测试时应保证电压表指示值为 0.4V，此时毫安表指示值即为 I_L 值，则 $N_o = I_L/I_{is}$（式中 I_{is} 为输入短路电流），将其记入表 20-2。

（6）按图 20-7 接线，测平均功率 P。图 20-7（a）是空载导通功耗测试图，图 20-7（b）是空载截止功耗测试图。按图 20-7 分别测出 I_1、I_2，然后按式（20-3）计算出平均功耗 P，将其记入表 20-2。

表 20-2			主 要 参 数 测 试 表							
$U_{ON}(V)$	$U_{OFF}(V)$	U_{oH} (V)	U_{oL} (V)	$I_{iS}(mA)$	$I_L(mA)$	$I_1(mA)$	$I_2(mA)$	计　算		
								N_o	P (mW)	

$$P = \frac{P_1 + P_2}{2} = \frac{(I_1 + I_2)U_{CC}}{2} \tag{20-3}$$

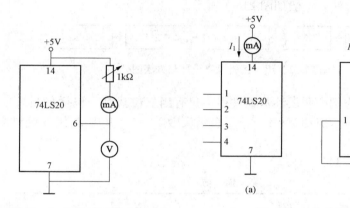

图 20-6　测扇出系数 N_o　　　　图 20-7　接线图

(a) 空载导通功耗电流 I_1；(b) 空载截止功耗电流 I_2

五、实验注意事项

(1) 注意集成芯片引脚的排列顺序。

(2) 在测量上述参数时，芯片都必须接入工作电源（7 脚接地，14 脚接 +5V 电源）。

六、预习与思考题

(1) 复习逻辑门电路参数测试原理。

(2) 熟悉实验用逻辑门电路引脚功能。

(3) 与非门中不用的输入端作何处理，为什么？

七、实验报告要求

(1) 记录实验所测的与非门静态参数，并与器件规范值比较。

(2) 列出实测与非门的功能数据，讨论其逻辑关系。

实验二十一　组合逻辑电路的设计

一、实验目的

(1) 掌握组合逻辑电路的设计与测试方法。

(2) 设计半加器并验证其逻辑功能。

二、实验原理说明

组合逻辑电路设计与方法，一般如图 21-1 所示。

图 21-1　组合逻辑电路设计与方法图

以设计一个裁判表决为例说明设计基本过程：只有当三位裁判（包括裁判长），或一个裁判长和另一个裁判同意表示成功 $Y=1$，否则表示失败 $Y=0$（其中 A 代表裁判长，B、C 代表另两个裁判）。

(1) 真值表（见表 21-1）。

表 21-1　　　　　　　　　　　　　　真　值　表

输	入		输　出
A	B	C	Y
0	0	0	0
0	0	1	0
0	1	0	0
0	1	1	0
1	0	0	0
1	0	1	1
1	1	0	1
1	1	1	1

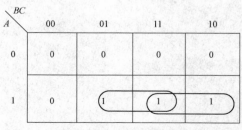

图 21-2　卡诺图化简

(2) 卡诺图化简（见图 21-2）。

(3) 逻辑表达式。电路的逻辑表达式如下

$$Y=AB\overline{C}+A\overline{B}C+ABC=AB+AC=\overline{\overline{AB}\cdot\overline{AC}}$$

(4) 逻辑电路。根据最简逻辑表达式，可应用 3 个 2 输入逻辑与非门组合成图 21-3（a）所示逻辑电路。也可用 2 个 2 输入逻辑与门和 1 个 2 输入逻辑或门组成图 21-3（b）所示逻辑

电路。

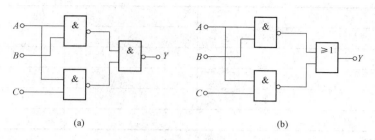

图 21-3　表决电路逻辑电路图

（5）芯片选型，实际连线。以图 21-4（a）为例，首先应选用 1 片 74LS00（包括四个独立的 2 输入与非门）芯片，再进行实际连线，如图 21-4（b）所示。

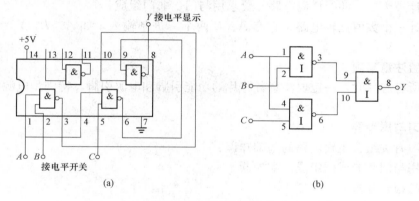

图 21-4　实际接线图

三、实验设备及器件

（1）实验箱（台）1 个。

（2）万用表 1 块。

（3）74LS00（四 2 输入与非门）3 片。

（4）74LS86（四 2 输入异或门）1 片。

（5）74LS02、74LS04、74LS08、74LS32。

四、实验内容与步骤

1. 检测裁判表决器的逻辑关系

按图 21-4 接线，输入端 A、B、C 接至逻辑开关输出插口，输出端 Y 接逻辑电平显示输入插口，按真值表要求，逐次改变输入变量 A、B、C，测量相应的输出值 Y，验证逻辑功能，与真值表进行比较，验证所设计的逻辑电路是否符合要求。

2. 设计一个半加器

A、B 分别为加数和被加数，C 为进位位，S 为和，要求如下。

（1）列真值表，写出该电路的逻辑表达式。

（2）画出逻辑电路图，选择对应的芯片。

（3）按表 21-2 的要求改变 A、B 输入，观测相应的 S、C 值并填入表 21-2 中。

（4）比表表 21-2 与理论分析列出的真值表，验证半加器的逻辑功能。

表 21 - 2　　　　　　　　　　　　　　半加器实验数据

输　　　入		输　　　出	
A	B	S	C
0	0		
0	1		
1	0		
1	1		

3. 自行设计内容（选做）

（1）设计一个优先电路，它有 A、B、C 三个输入端，同一时间内只能有一个信号通过，其优先顺序：A 最先，B 次之，C 最后。

（2）设计一个二—四线译码电路，要求用与门、非门组成。

（3）设计一个数值比较电路，它有 A、B 两个二进制输入，如 $A > B$，$Y_1 = 1$；$A < B$，$Y_2 = 1$；$A = B$，$Y_3 = 1$。

五、实验注意事项

在使用所有芯片时，一定要注意各芯片的功能引脚和电源引脚，特别是电源引脚不要接反和接错。

六、预习与思考题

（1）复习有关组合逻辑电路的基础知识。

（2）试用与门和异或门组成一半加器。

七、实验报告要求

（1）将各组合逻辑电路的观测结果认真填入表格中。

（2）分析各组合逻辑电路的逻辑功能。

（3）独立操作，交出完整的实验报告。

实验二十二　触发器逻辑功能测试

一、实验目的

（1）掌握 D 触发器和 JK 触发器的逻辑功能及触发方式。

（2）熟悉现态和次态的概念及两种触发器的次态方程。

二、实验原理

触发器是具有记忆功能的二进制信息存储器件，是时序逻辑电路的基本单元之一。它有两个稳定状态，用以表示逻辑状态"1"和"0"，在一定的外界信号作用下，可以从一个稳定状态（现态）翻转到另一个稳定状态（次态），利用触发器可以构成计数器、分频器、寄存器、移位寄存器、时钟脉冲控制器。

按触发器的逻辑功能来分，触发器可分为 RS 触发器、JK 触发器、D 触发器、T 触发器和 T′触发器，各种触发器间逻辑功能可以相互转换。在将触发器代替另一种触发器使用时，通常利用令它们特性方程相等的原则来实现功能转换。

1. D 触发器

D 触发器是在输入信号为单端情况下，广泛使用的一种触发器，它的基本结构多为维阻型。有很多种型号可供各种用途的需要而选用，如 74LS74 双 D 触发器、74LS175 四 D 触发器、74LS174 六 D 触发器等。

本实验采用 74LS74 双 D 触发器，是在 $\overline{R_D} = \overline{S_D} = 1$，CP 脉冲上升沿触发翻转的。此时触发器的状态只取决于时钟到来前 D 端的状态，状态方程为

$$Q^{n+1} = D^n \qquad (22-1)$$

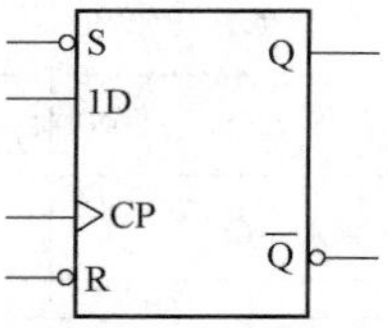

74LS74 芯片的引脚排列见附录三，逻辑符号见图 22-1。

图 22-1　D 触发器

2. JK 触发器

JK 触发器是在输入信号为双端的情况下，功能完善、使用灵活和通用性较强的一种触发器。有很多种型号可供各种用途的需要而选用，如 74LS112、74LS76 等。

本实验采用 74LS112 双 JK 触发器，其逻辑功能如下。

在 $\overline{R_D} = 1$，$\overline{S_D} = 0$ 或 $\overline{R_D} = 0$，$\overline{S_D} = 1$ 时，触发器将不受其他输入端状态影响，使触发器输出端强迫置"1"或清零。

在 $\overline{R_D} = \overline{S_D} = 1$ 时，74LS112 双 JK 触发器在 CP 脉冲下降沿触发翻转，触发器的状态取决于时钟到来前 J、K 端以及其初态的状态 Q^n，状态方程为

$$Q^{n+1} = J\,\overline{Q^n} + \overline{K}Q^n \qquad (22-2)$$

74LS112 芯片的引脚排列见附录三，逻辑符号见图 22-2。

3. 触发器之间的相互转换

在集成触发器的产品中，每一种触发器都有自己固定的逻辑功能。但可以利用转换的方法获得具有其他功能的触发器。例如将 JK 触发器的 J、K 两端连在一起，并认它为 T 端，就得到所需的 T 触发器。其状态方程为

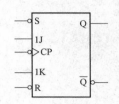

图 22-2 JK 触发器

$$Q^{n+1} = T\overline{Q}^n + \overline{T}Q^n \tag{22-3}$$

同样，若把 D 触发器的 $\overline{Q}$ 端和 D 端相连，便转化成 T′ 触发器，值得注意的是转换后的触发器其触发方式仍不变。

三、实验设备及器件

（1）实验箱（台）1 个。

（2）万用表 1 块。

（3）74LS74（双 D 触发器）1 片。

（4）74LS112（双 JK 触发器）1 片。

四、实验内容与步骤

1. 74LS74 D 触发器逻辑功能测试

（1）按图 22-3 接线。

（2）直接置位（$\overline{S_D}$）端、复位（$\overline{R_D}$）端功能测试。利用开关按表 22-1 改变 $\overline{R_D}$、$\overline{S_D}$ 的逻辑状态（D、CP 状态随意），借助指示灯或万用表观测相应的 Q、$\overline{Q}$ 状态，将结果记入表 22-1 中。

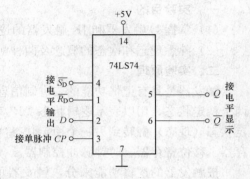

图 22-3 74LS 双 D 触发器

表 22-1　　　　　　74LS74D 触发器直接置位（$\overline{S_D}$）、复位（$\overline{R_D}$）功能测试

输		入		输	出
CP	D	$\overline{S_D}$	$\overline{R_D}$	Q^n	$\overline{Q}^n$
Φ	Φ	1	1→0		
Φ	Φ	1	0→1		
Φ	Φ	1→0	1		
Φ	Φ	0→1	1		
Φ	Φ	0	0		

注　Φ 表示任意状态。

实验时注意观察 $\overline{S_D}$ 和 $\overline{R_D}$ 同为低电平时，Q、$\overline{Q}$ 的状态将同时为高电平，此时将 $\overline{S_D}$ 和 $\overline{R_D}$ 同时扳向高电平，Q、$\overline{Q}$ 的状态将为不定态。

（3）D 与 CP 端功能测试。从 CP 端输入单个脉冲，按表 22-2 改变开关状态。将测试结果记入表 22-2 中。

表 22-2　　　　　　74LS74D 触发器 D 与 CP 端功能测试

输		入		输 出 Q^{n+1}	
D	$\overline{R_D}$	$\overline{S_D}$	CP	原状态 $Q^n=0$	原状态 $Q^n=1$
0	1	1	0→1		
	1	1	1→0		

续表

输		入		输 出 Q^{n+1}	
D	$\overline{R_D}$	$\overline{S_D}$	CP	原状态 $Q^n=0$	原状态 $Q^n=1$
1	1	1	0→1		
	1	1	1→0		

2. 74LS112 JK 触发器逻辑功能测试

（1）按图 22-4 接线。

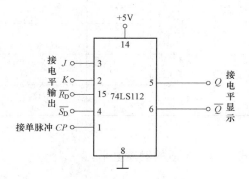

图 22-4 74LS112 JK 触发器

（2）直接置位（$\overline{S_D}$）、复位（$\overline{R_D}$）功能测试。利用开关按表 22-3 改变 $\overline{S_D}$ 和 $\overline{R_D}$ 的状态，J、K、CP 可以为任意状态，借用指示灯和万用表观察输出状态，将结果记入表 22-3 中。

表 22-3　　　　74LS112 JK 触发器直接置位（$\overline{S_D}$）、复位（$\overline{R_D}$）功能测试

输			入		输	出
CP	J	K	$\overline{R_D}$	$\overline{S_D}$	Q^n	$\overline{Q^n}$
Φ	Φ	Φ	1→0	1		
Φ	Φ	Φ	0→1	1		
Φ	Φ	Φ	1	1→0		
Φ	Φ	Φ	1	0→1		
Φ	Φ	Φ	0	0		

注　Φ 为任意状态。

实验时注意观察 $\overline{S_D}$ 和 $\overline{R_D}$ 同为低电平时，Q、$\overline{Q}$ 的状态将同时为高电平，此时将 $\overline{S_D}$ 和 $\overline{R_D}$ 同时扳向高电平，Q、$\overline{Q}$ 的状态将为不定态。

（3）翻转功能测试。图 22-3 中 CP 端加单脉冲，按表 22-4 利用开关改变各端状态，借助指示灯或万用表观测输出端，状态记入表 22-4。

表 22 - 4   **74LS112 JK 触发器翻转功能测试**

输 入					输 出 Q^{n+1}	
J	K	$\overline{R_D}$	$\overline{S_D}$	CP	原状态 $Q^n=0$	原状态 $Q^n=1$
0	0	1	1	$0\to1$		
				$1\to0$		
0	1	1	1	$0\to1$		
				$1\to0$		
1	0	1	1	$0\to1$		
				$1\to0$		
1	1	1	1	$0\to1$		
				$1\to0$		

五、实验注意事项

注意各芯片的触发方式，输入合适的触发电平。

六、预习与思考题

(1) 复习有关触发器内容。

(2) 按实验内容的要求设计电路，拟定实验方案。

七、实验报告要求

(1) 整理实验数据填好表格。

(2) 总结 D 触发器和 JK 触发器的真值表。

(3) 分析各触发器功能。

实验二十三　计数器及其应用

一、实验目的
(1) 掌握用触发器和门电路设计计数器的方法。
(2) 掌握异步计数器的工作原理及输出波形。
(3) 熟悉中规模集成电路计数器的逻辑功能、使用方法及应用。

二、实验原理
计数器是用以实现计数功能的时序电路，它不仅可用来计数，而且还可用作数字系统的定时、分频和执行数字运算以及其他特定的逻辑功能。

计数器种类很多，按构成计数器中的各触发器是否使用同一个时钟脉冲源来分，分为同步计数器和异步计数器。同步计数器中各个触发器都受同一个时钟脉冲控制，当计数脉冲到来时，各触发器同时翻转；异步计数器中各个触发器没有统一的时钟脉冲，有的触发器直接受计数脉冲控制，有的触发器的脉冲来自于其他触发器的输出，其触发器的翻转有先后顺序。

根据计数的增减趋势，又分为加法、减法和可逆计数，还有可预置数和可编程序功能计数器等。加法计数器即每输入一个时钟脉冲，计数器中数值就加 1；减法计数器即每输入一个时钟脉冲，计数器中数值就减 1。

根据计数长度或计数容量（模）的不同，分为二进制计数器、十进制计数器和任意进制计数器。目前，无论是 TTL 还是 CMOS 集成电路，都有品种较齐全的中规模集成计数器。使用者只要借助于器件手册提供的功能表和工作时序图以及引出端的排列，就能正确地运用这些器件。

三、实验设备
(1) 实验箱（台）1 个。
(2) 示波器 1 台。
(3) 万用表 1 块。
(4) 74LS112（双 JK 触发器）2 片。
(5) 74LS74（双 D 触发器）2 片。
(6) 74LS161［四位同步可预置二进制计数器（模十六）］2 片。

四、实验内容
1. 四位异步二进制加法计数器的测试

用 2 片 74LS112 按图 23 - 1 接线，$\overline{R_D}$ 接电平开关，CP 接单脉冲，Q_D、Q_C、Q_B、Q_A 接电平显示，所有 74LS112 芯片 16 脚接＋5V，8 脚接地。

利用 $\overline{R_D}$ 端清零，使 Q_D、Q_C、Q_B、Q_A 为 0000，然后由 CP 端输入单脉冲，观察 Q_D、Q_C、Q_B、Q_A 的显示结果，记入表 23 - 1 中。

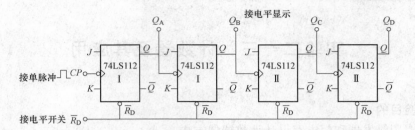

图 23-1 由 JK 触发器构成四位异步二进制加法计数器

表 23-1 异步二进制加法计数

CP	二 进 制 数				CP	二 进 制 数			
	Q_D	Q_C	Q_B	Q_A		Q_D	Q_C	Q_B	Q_A
0					8				
1					9				
2					10				
3					11				
4					12				
5					13				
6					14				
7					15				

选作：将 CP 端由单脉冲改接连续脉冲（1000Hz 左右），用示波器观察并记录 $Q_D Q_C Q_B Q_A$ 各输出波形，注意其间的相位关系。

2. 对图 23-1 稍做修改，构成一个四位异步二进制减法计数器

（1）画原理接线图，选芯片，定实际接线图。

（2）比较加法计数器和减法计数器的区别。

3.74LS161 中规模集成电路构成十进制计数器

74LS161 是四位同步可预置二进制计数器（模十六），其管脚分配和功能表分别如图 23-2（a）、（b）所示。

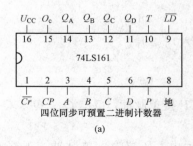

四位同步可预置二进制计数器

(a)

清零	使能	置数	时钟	数 据	输 出
$\overline{Cr}$	PT	$\overline{LD}$	CP	$D\ C\ B\ A$	$Q_D Q_C Q_B Q_A$
0	××	×	↑	× × × ×	0 0 0 0
1	××	0	↑	d c b a	d c b a
1	1 1	1	↑	× × × ×	计 数
1	0 ×	1	×	× × × ×	保 持
1	× 0	1	×	× × × ×	保 持

(b)

图 23-2 74LS161
(a) 管脚分配；(b) 功能表

用74LS161构成十进制计数器（见图23-3）显示结果记入表23-2。

表 23-2 74LS161 构成十进制计数器结果

CP	输 出				十进制数
	Q_D	Q_C	Q_B	Q_A	
0					
1					
2					
3					
4					
5					
6					
7					
8					
9					
10					

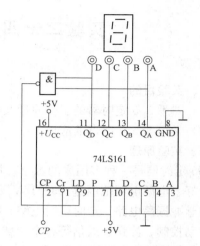

图 23-3 由 74LS161 构成十进制计数器

五、实验注意事项

在图 23-1 中，所有 J、K 端和 $\overline{S_D}$ 端都处于悬空状态，保证在 $\overline{R_D}=\overline{S_D}=1$，$J=K=1$ 同时触发器能翻转动作。

六、预习与思考题

（1）复习计数器的部分内容。

（2）绘出各实验内容的线路图以及拟出实验内容所需测试表格。

（3）用上升沿触发器或下降沿触发的触发器组成加法计数器时，进位端取自 Q 还是 $\overline{Q}$？为什么？

七、实验报告要求

（1）记录必要的数据和波形。

（2）总结计数器的使用特点。

实验二十四　555 定时器的应用

一、实验目的

（1）熟悉 555 定时器的工作原理及逻辑功能。

（2）学习 555 定时器的应用。

二、实验原理

555 定时器是一种多用途的数字—模拟混合集成电路，具有定时精度高、工作速度快、可靠性好、电源电压范围宽（3～18V）、输出电流大（可高达 200mA）等优点，可组成各种波形的脉冲振荡电路、定时延时电路、检测电路、电源交换电路、频率变换电路等，广泛应用于自动控制、测量、通信等各个领域。

555 定时器是由比较器 C1 和 C2、基本 RS 触发器和三极管 T1 组成。其主要功能取决于比较器，两个比较器的翻转分别由高电平触发 THR 和低电平触发 $\overline{\text{TRI}}$ 的输入电压与比较基准电压比较决定，其输出控制 RS 触发器和放电 BJT 晶体管 T 的状态。$\overline{\text{RES}}$ 输入用于对 555 时基电路的复位，当 $\overline{\text{RES}}$ 为低电平时，不管其他输入端的状态如何，输出 u_{out} 总为低电平。利用它能方便地接成施密特触发器，单稳态触发器和振荡器。其内部结构原理和引脚排列图如图 24-1 所示。

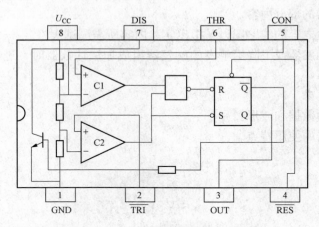

图 24-1　555 内部结构原理和引脚排列图

1—GND：接地；2—$\overline{\text{TRI}}$：比较器 C2 反相输入端（触发输入端，低电平触发＜$U_{\text{CC}}/3$）；3—OUT：输出端；

4—$\overline{\text{RES}}$：复位端；5—CON：控制电压输入端 U_{C}；6—THR：比较器 C1 同相输入端（阈值输入端，

高电平触发＞$2U_{\text{CC}}/3$）；7—DIS：放电端（晶体管输出）；8—U_{CC}：电源＋（5～18）V

三、实验设备及器件

（1）实验箱（台）1个。

（2）示波器1台。

（3）555 集成定时器1片。

（4）33、100kΩ 电阻各1只。

（5）100kΩ 电位计 1 只。

（6）0.01、0.02μF 电容各 1 只。

四、实验内容及步骤

1. 用 555 定时器构成单稳态触发器

（1）按图 24 - 2 接线。

（2）在 u_i 端输入频率为 10kHz 的 TTL 方波信号，用示波器观察并记录 u_i、u_c 和 u_o 波形，测出 u_o 脉冲宽度，与理论值进行比较，将测量结果记入表 24 - 1。

表 24 - 1　　　　　　　　　　用 555 定时器构成单稳态触发器实验数据

波　　形	u_o		
	周期	脉宽	峰峰值
u_i ――――― t u_c ――――― t u_o ――――― t			

2. 用 555 定时器构成多谐振荡器

（1）按图 24 - 3 接好线，检查无误后，接通电源。

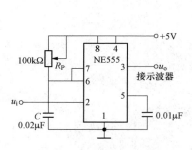

图 24 - 2　单稳态触发器电路

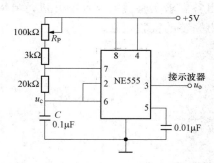

图 24 - 3　多谐振动器电路

（2）用示波器观察 3 脚和 6 脚的波形。

（3）改变可调电阻 R_P 的数值，观察输出波形的变化，注意 f_0 的变化。将测量结果记入表 24 - 2。

表 24 - 2　　　　　　　　　　用 555 定时器构成多谐振荡器实验数据

电阻值	波　　形	u_o		
		周　期	脉　宽	峰峰值
$R_P = 50$kΩ	u_c ――――― t u_o ――――― t			

电阻值	波　　　形	u_o		
		周　期	脉　宽	峰峰值
R_P 增大	u_c ————————→ t u_o ————————→ t			
R_P 减小	u_c ————————→ t u_o ————————→ t			

五、实验注意事项

注意测试结果与理论图形的误差分析。

六、预习与思考题

熟悉并验证 555 定时器的工作原理。

七、实验报告要求

（1）画出各要求实验点的波形图并进行分析。

（2）交出完整的实验报告。

实验二十五　循环灯显示电路

一、实验目的
（1）学习 555 时钟模块的应用。
（2）熟悉循环显示电路的工作原理。
（3）了解简单数字系统实验及调试方法。

二、实验原理说明

（一）方波信号发生器

1. 电路图（见图 25 - 1）

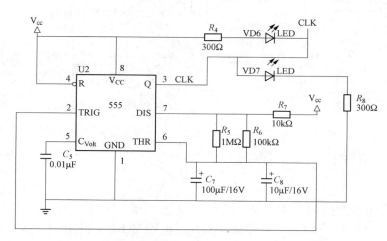

图 25 - 1　由 555 构成方波信号发生器

2. 电路原理

　　由 555 构成多谐振荡器电路，电源接通后，5V 电源通过电阻 R_7、R_6 向电容 C_7 充电。这个过程中，NE555 认为无触发信号，输出为高电平（VD7 亮）。当集成块 555 的 2 脚电压上升到一定值的时候（一般为 $2/3V_{cc}$），集成块 555 的 6 脚受到触发，集成块中的比较器 1 翻转，3 脚输出电压为低电平（VD7 灭，VD6 亮），同时集成块中的三极管导通，电容 C_7 通过 R_6 放电。当电容 C_7 上降到有定值时（一般为 $1/3V_{cc}$），集成块中的比较器 2 翻转，3 脚输出电压为高电平（VD7 亮，VD6 灭），C_7 放电终止，又重新开始充电。周而复始，形成振荡，输出方波信号。其振荡周期与充放电的时间有关。C_5 防止干扰电压引入。

（二）循环亮灯电路

1. 电路图（见图 25 - 2）

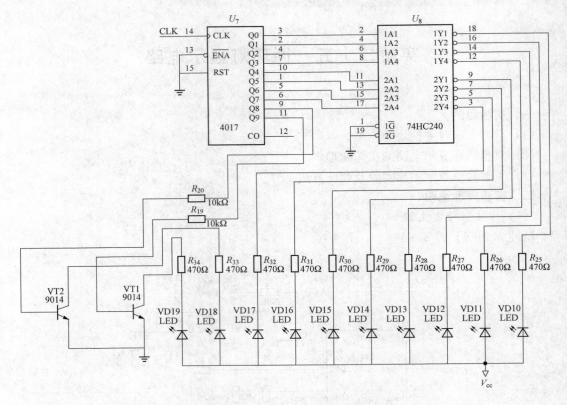

图 25-2　构成循环亮灯电路

2. 工作原理

由 555 时钟电路产生的方波信号，输入到 10 位计数——分频器（CD4017），分频计数产生输出信号经过 74HC240 驱动后输出到发光二极管 VD10～VD19 上，VD10～VD19 循环依次点亮。由于 74HC240 只能对 8 位二进制数进行反相，所以电路中加入了两个三极管非门。三极管非门应保证当输入低电平时三极管可靠接地，则输出为高电平；当输入高电平时三极管工作在深度饱和状态，则输出为低电平。

（三）元件介绍

1. 集成块 555 结构

555 集成定时器是模拟功能和数字逻辑功能相结合的一种双极性型八个引脚的集成器件。它是由上、下两个比较器、三个 $5k\Omega$ 电阻、一个 RS 触发器、一个放电三极管及功率输出级组成。其中 1 脚接地，2 脚接比较器 2 的反相输入端（触发输入端，当小于 $1/3V_{cc}$ 低电平触发），3 脚为输出端，4 脚为复位端，5 脚接到由 3 个 $5k\Omega$ 电阻组成的分压网络的 $2/3V_{cc}$ 处，为控制电压输入端，6 脚接比较器 1 同相输入端（阈值输入端，当大于 $2/3V_{cc}$ 高电平触发），7 脚为放电端，8 脚接电源。

2. 集成块 4017 结构

该集成块为 16 引脚封装的十进制计数器。它具有 10 个译码输出，CLK、ENA、RST 输入端。时钟输入端的施密特触发器具有脉冲整形功能，对输入时钟脉冲上升和下降时间无限制，INH 为低电平时，计数器在时钟上升沿计数，反之计数功能无效。CR 为高电平时，计数器清零。其第 14 脚 CP 为时钟脉冲输入端。第 1、2、3、4、5、6、7、9、10、11 脚为输出端。第 8 脚为接电源端。第 16 脚为接地端。第 13 脚（INH）为禁止端，第 15 脚（CR）脚为清除端，低电平有效。

3. 集成块 74HC240 结构

该集成块为 20 引脚封装八反相/驱动器。其第 2、4、6、8、11、13、15、17 脚为信号输入端。第 3、5、7、9、12、14、16、18 脚为输出端。第 1、9 脚为条件端，低电平有效。第 20 脚为接电源端，第 10 脚为接地端。

三、实验设备

综合实验台或实验箱。

四、实验内容

（1）由 555 构成方波信号发生器。

（2）构成循环亮灯电路。

五、实验注意事项

在调整振荡器电路中，一定要选择好 R、C 的参数。

六、预习与思考题

（1）复习 555 的应用。

（2）熟悉循环显示的方式。

七、实验报告要求

（1）整理实验数据。

（2）总结实验中出现的问题及故障排除方法。

附录一　常用电工仪表的测量方法与使用

一、电工测量指示仪表的一般知识

能直接指示被测量大小的仪表称指示仪表。测量电压、电流、功率因数、频率等电量的指示仪表称为电工测量指示仪表，简称电工仪表。由于电工仪表具有结构简单、稳定可靠、价格低廉和维修方便等一系列优点，所以在生产实际和教学、科研中得到广泛的应用。

1. 电工仪表的基本组成和工作原理

电工仪表的基本工作原理都是将被测电量或非电量变换成指示仪表活动部分的偏转角位移量。被测量往往不能直接加到测量机构上，一般需要将被测量转换成测量机构可以测量的过渡量，这个把被测量转换为过渡量的组成部分叫测量线路。把过渡量按某一关系转换成偏转角的机构叫测量机构。测量机构由活动部分和固定部分组成，它是仪表的核心。如附图1-1所示，电工仪表一般由测量线路和测量机构这两个部分组成。

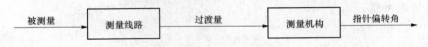

附图1-1　电工仪表的基本组成

测量线路把被测电量或非电量转换为测量机构能直接测量的电量时，测量机构活动部分在偏转力矩的作用下偏转。同时测量机构产生反作用力矩的部件所产生的反作用力矩也作用在活动部件上，当转动力矩与反作用力矩相等时，可动部分便停止下来。由于可动部分具有惯性，以至于可动部分达到平衡时不能迅速停止下来，而是在平衡位置附近来回摆动。测量机构中的阻尼装置产生的阻尼力矩使指针迅速停止在平衡位置上，指出被测量的大小，这也就是电工仪表的基本工作原理。

测量机构的主要作用是产生使仪表的指示器偏转的转动力矩，以及使指示器保持平衡和迅速稳定的反作用力矩及阻尼力矩。

2. 电工仪表的分类

电工仪表种类繁多，分类方法也很多，了解电工仪表的分类，有助于认识它们所具有的特性，对正确使用电工仪表有一定的帮助。

下面介绍几种常见的电工仪表的分类方法。

(1) 按工作原理分有磁电系、电磁系、感应系、静电系等。

(2) 按被测电量的名称分有电流表（安培表、毫安表和微安表）、电压表（伏特表、毫伏表）、功率表、电能表、功率因数、频率表、绝缘电阻表以及其他多种用途的仪表，如万用表等。

(3) 按被测电流的种类分有直流表、交流表、交直流两用表。

(4) 按使用方式分有开关板式与便携式仪表。开关板式仪表通常固定安装在开关板或某一装置上，一般误差较大，价格也较低，适用于一般工业测量。便携式仪表误差较小（准确度较高），价格较贵，适于实验室使用。

(5) 按仪表的准确度分有 0.1、0.2、0.5、1.0、1.5、2.5、5.0 共七个等级。

此外，按仪表对电磁场的防御能力可分为Ⅰ、Ⅱ、Ⅲ、Ⅳ四级，按仪表使用条件分为A、B、C三组。

3. 电工仪表的主要技术要求

为保证测量结果的准确、可靠，必须对仪表提出一定的质量要求。国家标准对指示仪表主要有下列几个方面的要求。

（1）灵敏度和仪表常数。

仪表指针偏转角的变化量与被测量的变化量之比称为仪表的灵敏度，可表示为

$$S = \frac{\mathrm{d}\alpha}{\mathrm{d}x}$$
（附 1-1）

式中：α 为指针的偏转角；x 为被测量。

仪表的灵敏度反映了电工仪表对被测量的反应能力。不同型式仪表的灵敏度相差很大。灵敏度的倒数称为仪表常数，用符号 C 表示，即

$$C = \frac{1}{S}$$
（附 1-2）

例如，将 $1\mu A$ 的电流通过某一微安表，使该表产生了 5 小格的偏转，则该微安表的灵敏度为 $S = 5$ 格$/\mu A$，其仪表常数为

$$C = \frac{1}{S} = \frac{1}{5}\mu A/\,格 = 2 \times 10^{-7} A/\,格$$

（2）准确度。如前所述，仪表的等级就表示仪表的准确度，而选用仪表的等级要与测量的要求相适应。通常 0.1 级和 0.2 级多用做标准表，以校准检验其他工作仪表；0.5、2.5 级仪表用于实验室；开关柜采用的仪表准确度较低。

仪表在测量时的误差，根据其原因可以分为两种：一种是基本误差，它是仪表在规定的正常工作条件下进行测量时所具有的误差，是仪表本身所固有的。二是附加误差，它是仪表在非正常工作条件下进行测量时，除了上述基本误差之外还会出现其他的误差。例如，环境温度、外磁场等不符合仪表正常条件时，都会引起误差。因此，检验仪表是否符合准确度等级，要注意仪表的工作条件。

（3）仪表的功率损耗。在测量过程中，仪表本身要消耗功率。若仪表的消耗功率太大，就会改变被测量电路的工作状态，从而引起测量误差。所以，仪表的功率损耗越小越好。

（4）仪表的阻尼时间。阻尼时间指从被测量开始变动到指针距离平衡位置小于标尺全长 1% 时所需的时间。为了读数迅速，阻尼时间越短越好。

（5）变差。理论上仪表指针上升或下降到同一被测量时，读数应该相同。但是，由于测量机构的制造工艺和材料等原因，上升路线与下降路线往往不重合，把在某处出现的最大差值称为仪表的变差。一般要求变差不能超过仪表的基本误差的绝对值。此外，还要求仪表受外界因素影响小，有良好的读数装置，有足够高的绝缘强度和耐压能力，坚固结实等。

在仪表的面板上，通常都标有仪表的型式、准确度等级、电流种类、绝缘耐压强度和放置方式等符号，如附表 1-1 所示。使用电工仪表时，必须注意识别仪表面板上的标志符号。

附表 1 - 1　　　　　　　　电工仪表上常见的几种符号及其意义

符号	意义	符号	意义
—	直流	2kV	仪表绝缘试验电压 2000V
∼	交流	⊥	仪表直立放置
≃	交直流	⌐	仪表水平放置
3∼	三相交流	∠60°	仪表倾斜放置 60°
1.5	准确度等级 1.5 级		

二、几种电工仪表的基本结构和工作原理

1. 磁电系仪表

(1) 磁电系仪表的结构。磁电系仪表获得了较为广泛的应用，如直流电流表、直流电压表以及直流检流计等都属于此类仪表，与其他仪表比较，磁电系仪表具有灵敏度高，消耗功率小，刻度均匀等优点。

磁电系仪表是一种利用载流可动线圈在固定的永久磁铁磁场力的作用下，使可动线圈发生偏转，从而用指针指出被测量数值大小的一种指示式仪表。它的基本结构如附图 1 - 2 所示。

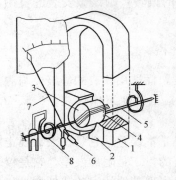

铁心是圆柱形的，它可使极掌与铁心之间产生一个均匀磁场。活动线圈绕在铝框上，其两端连接一个半轴，它可以自由转动。指针被固定在半轴上。游丝装在活动线圈上，用来产生反作用力矩，同时还用做活动线圈电流的引线。铝框的作用是用来产生阻力矩。这个力矩的方向总是与活动线圈转动的方向相反，能够阻止活动线圈来回摆动，使与其相连的指针迅速地静止在某一位置上。但这种阻力力矩只有在活动线圈转动时才产生，活动线圈静止时，它也随之消失了，所以它对测量结果并无影响。

附图 1 - 2　磁电系仪表的结构
1—永久磁铁；2—极掌；3—铁心；
4—活动线圈；5—转轴；6—平衡锤；
7—指针；8—游丝

(2) 磁电系仪表的工作原理。磁电系仪表的基本原理是利用活动线圈中的电流与气隙中磁场的相互作用产生电磁力，活动线圈在力矩的作用下产生偏转，因此称这个力矩为转动力矩。活动线圈的转动使游丝产生反作用力力矩，当反作用力力矩与转动力矩相等时，活动线圈将停留在某一位置上，指针也相应停留在某一位置上。磁电系测量机构产生转动力矩的原理图如附图 1 - 3 所示。

设磁电系仪表均匀磁场的磁感应强度为 B，活动线圈的匝数为 N，线圈的有效边长为 L，则当线圈中通过电流 I 时，d 为转轴中心到线圈端的距离，则线圈产生的转动力矩为

$$M = 2NBLId \qquad (附 1 - 3)$$

因为气隙磁场是均匀辐射状的，不管线圈转到什么位置，磁感应强度 B 均不改变。而对于一个固定的磁电系仪

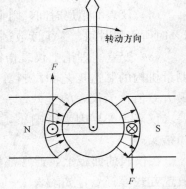

附图 1 - 3　产生转动力矩的原理图

表来说，其线圈的匝数、每一个有效边的长度以及转轴中心到线圈端的距离都是固定的，所以，转动力矩的大小与被测量电流的大小成正比，其方向决定于电流流进线圈的方向。

线圈的偏转将使游丝产生反作用力矩。反作用力矩 M_a 的大小与游丝的偏转角 α 成正比，即

$$M_a = D\alpha \tag{附1-4}$$

式中：D 为游丝的反作用力矩系数。

反作用力矩的方向与转动力矩的方向相反，随着偏转角的增大，反作用力矩也将增大；而转动力矩在被测电流不变时是不变的。当反作用力矩增大到与转动力矩相等时，可动部分达到平衡，此时可动部分将停止在某一平衡位置，指针也就停止在某一偏转角。根据物体平衡条件 $M\alpha = M$，得

$$\alpha = \frac{2NBLd}{D}I \tag{附1-5}$$

由式（附1-5）可知，指针偏转角 α 正比于被测电流的大小。只需把偏转角均匀地刻度在仪表的标尺上，就可以根据指针在标尺上停止的位置，直接读出被测电流的大小。

（3）磁电系仪表的优缺点。

1）准确度高。磁电系仪表由于磁感应强度很强，可以在很小的电流作用下，产生较大的转动力矩。因此，可以减小由于摩擦、外磁场等原因引起的误差，提高了仪表的准确度。

2）灵敏度高。磁电系仪表的磁感应强度较大，在很小的电流作用下，就能产生较大的转动力。

3）过载能力差。由于被测电流通过游丝导入活动线圈，游丝和动圈的导线都很细，所以电流过大，容易引起游丝发热使弹性系数变化或损坏动圈。

4）不能直接测量交流。因磁电系仪表永久磁铁产生的磁场方向恒定不变，如果在磁电系测量机构中直接通入交流，则产生的转动力矩就是交变的，可动部分由于惯性作用而来不及转动，指针只能在零位左右摆动，无法获得被测量的测量值。

5）表盘刻度均匀。磁电系仪表偏转角与被测电流量的大小成正比，因此它的仪表刻度都是均匀的。

2. 电磁系仪表

（1）电磁系仪表的结构。电磁系仪表的测量机构常用的有吸引型和排斥型。

1）吸引型结构。它的测量机构由固定线圈和偏心地装在转轴上的活动铁片组成。固定线圈中间有一条窄缝，活动铁片可以转入此窄缝内。固定线圈和活动铁片是产生转动力矩的主要元件。转轴上还装有能产生作用力矩的游丝、指针以及阻尼器，如附图1-4所示。

当电流通过线圈时，线圈的附近就产生磁场使活动铁片磁化，且对铁片产生吸引力，从而产生转动力矩，使铁片偏转，引起指针偏转。当线圈中电流方向改变时，线圈磁场的极性改变，被磁化的活动铁片的极性也同时改变，所以不论线圈中电流方向如何，线圈与活动铁片之间的作用始终是吸引力，因此，指针的偏转方向与电

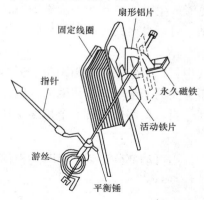

附图1-4　吸引型电磁系仪表的结构

流方向无关。这种吸引型机构可以直接对交流电路进行测量。吸引型电磁系仪表的工作原理如附图1-5所示。

2）排斥型结构。排斥型电磁系仪表的结构如附图1-6所示。它的固定部分包括圆形的固定线圈和固定于线圈内壁的铁片。活动部分由固定在转轴上的活动铁片、游丝、指针和阻尼片组成。当固定线圈中通过电流后，内部将产生磁场使定铁片和活动铁片同时被磁化，而且极性相同，因此它们相互排斥而产生转动力矩。游丝是产生反作用力矩的。阻尼力矩是由阻尼片和永久磁铁组成的磁感应阻尼器产生的。

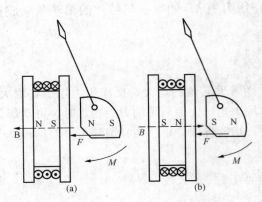

附图1-5　吸引型电磁系仪表的工作原理

如附图1-7所示，在排斥型测量机构中，不论电流方向如何，在线圈磁场中的定铁片被磁化的极性和活动铁片被磁化的极性相同，所以它们之间的相互作用力始终是排斥的。因此，指针的偏转方向与电流方向无关。可见排斥型测量机构同样可以用于交流电路的测量。

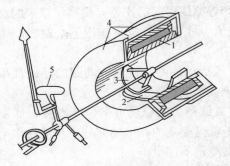

附图1-6　排斥型电磁系仪表的结构图
1—固定线圈；2—线圈内壁的固定铁片；3—活动铁片；
4—磁屏蔽；5—阻尼片

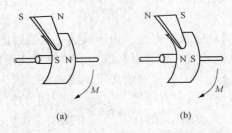

附图1-7　排斥型电磁系仪表的工作原理

（2）电磁系仪表的工作原理。不论哪种型式的电磁系测量机构，都是由通过固定线圈的电流产生磁场，使处于该磁场中的铁片磁化，从而产生转动力矩。根据电磁系仪表的工作原理，可以得出其转动力矩与固定线圈的匝数的平方成正比，即

$$M = K(IN)^2 \qquad\qquad （附1-6）$$

式中：I 为通过固定线圈的电流；N 为线圈的匝数（IN 为固定线圈的安匝数）；K 为与偏转角有关的变量，它与线圈的特性、铁心的形状、尺寸以及线圈的相对位置有关。

当可动部分偏转一个角度 α 时，其游丝产生的反作用力矩为

$$M_\alpha = D\alpha \qquad\qquad （附1-7）$$

当可动部分达到平衡时，根据平衡条件 $M_\alpha = M$ 有

$$\alpha = \frac{M}{D} = \frac{KN^2}{D}I^2 \qquad\qquad （附1-8）$$

由此可见，电磁系仪表测量机构指针的偏转角与被测量电流值的平方有关。当被测量电

流为交流电流时，其指针的偏转角与被测交流电流有效值的平方有关。

需要注意的是，指针的偏转角 α 并不是与 I^2 成正比的。这是因为系数 K 随着偏转角 α 的增加而减小，使仪表的标度尺在有效值的工作部分尽可能均匀一些。但总的来说，电磁系仪表的刻度是不均匀的。

（3）电磁系仪表的优缺点。

1）过载能力强。因为电磁系测量机构的电流不通过游丝和活动线圈部分，而固定线圈对电流的承受能力较强。

2）交直两用。因为固定线圈的极性与其中被磁化的活动铁片的极性能够随着电流方向的改变而同时变化，使活动铁片与磁场之间（或定、动铁片之间）的相互作用不发生改变，其转动力矩的方向不发生改变。

3）准确度低。由于电磁系测量机构中有铁磁物质，而铁磁物质存在着磁滞现象，它使得这种仪表的准确度低。

4）工作频率范围不大。由于固定线圈的匝数较多，对应感抗就较大，且线圈感抗随频率的变化将给测量带来影响。

5）易受外界影响。电磁系仪表的磁场较弱，因而外磁场的影响是造成电磁系仪表附加误差的主要原因。为减小外界磁场的影响，一般采用磁屏蔽方法或在结构上采用无定位结构。磁屏蔽是把测量机构装在导磁良好的磁屏内，使外磁场的磁力线无法进入测量机构。无定位结构就是将测量机构中的固定线圈分为两部分反向串联，当线圈通电时，两线圈产生的磁场相反，但转动力矩却是相加的。外磁场对测量机构的影响，使一个线圈的磁场被削弱，而另一个线圈的磁场加强。由于两部分机构是对称的，外磁场的影响就被削弱。

3. 电动系仪表

（1）电动系仪表的结构。电动系仪表的结构如附图 1-8 所示。它由固定线圈、活动线圈、指针、游丝和空气阻尼器叶片等组成。固定线圈做成两个，且平行排列，目的是使固定线圈产生的磁场均匀。活动线圈与转轴固定连接，一起放置在固定线圈的两个部分之间。游丝产生反作用力矩，空气阻尼器产生阻尼力矩。

（2）电动系仪表的工作原理。加附图 1-9 所示，当电动系仪表工作时，固定线圈和活动线圈中都通以电流，设固定线圈中通过的电流为 I_1，它的作用是在固定线圈中建立磁场，磁场的强弱除与其电流 I_1 有关外，还与固定线圈的匝数等参数有关，磁场方向由右手螺旋定则确定。

对于某一个电动系仪表，固定线圈参数是固定不变的，因此，磁场的强弱仅与 I_1 有关，且正比于 I_1。当活动线圈中通以电流 I_2 时，磁场将对 I_2 产生一个电磁力，使可动部分获得转动力矩 M 而偏转。其电磁力的大小与磁场的强弱、电流 I_2 的大小以及活动线圈的尺寸、形状有关，方向由左手定则确定。当 I_1、I_2 同时改变方向，

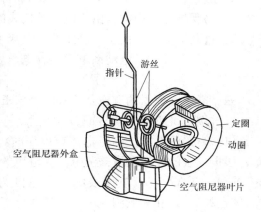

附图 1-8　电动系仪表的结构

用左手定则判断可知，电磁力的方向不变，即转动力矩 M 的方向不变。所以电动系仪表既

能测直流，又能测交流。

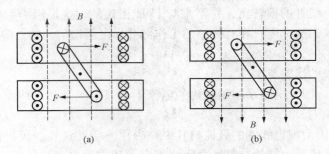

附图 1 - 9　电动系仪表产生转动力矩的示意图
（a）活动线圈在固定线圈磁场中受到电磁力的作用产生转动力矩；
（b）两线圈中电流方向同时改变后，活动线圈受力方向不变

当电动系仪表用于直流电路的测量时，由电工学知识可知，转动力矩 M 与电流 I_1 和 I_2 的乘积成正比，即

$$M \propto I_1 I_2 \qquad\qquad\qquad （附 1 - 9）$$

当用于交流电路的测量时有

$$M \propto I_1 I_2 \cos\varphi \qquad\qquad\qquad （附 1 - 10）$$

式中：φ 为固定线圈中电流相量与活动线圈中电流相量的相位差。

当活动部分偏转到角度为 α 时达到平衡，其游丝产生的反作用力矩为 $M_\alpha = D\alpha$，根据 $M = M_\alpha$ 的平衡条件可知，电动系仪表用于直流电量的测量时，有 α 正比于 $I_1 I_2$；当电动系仪表用于交流电量的测量时，有 α 正比于 $I_1 I_2 \cos\varphi$。

（3）电动系仪表的特点。

1）准确度高。由于电动系仪表中没有铁磁物质，不存在涡流和磁滞的影响，其准确度很高。

2）交直流两用。电动系仪表可用于交直流电流。

3）测量参数范围广。电动系仪表能够构成多种线路多种参数，如电压、电流和功率等。

4）易受外磁场影响。由于电动系仪表的固定线圈较弱。

5）过载能力小。由于可动线圈中电流由游丝导入。

6）标尺多样化。电动系电流表、电压表的标度尺刻度不均匀，但功率表的标度尺刻度均匀。

三、常用物理量的测量及相关电工仪表的使用

1．电流、电压的测量及仪表的使用

（1）直接测量法。测量电流或电压时，使用直读式仪表，即用电流表或电压表进行测量，根据仪表的读数获取被测电流和电压的方法，称为直接测量法。直流电流表的测量范围为 $10^{-7} \sim 10^2 \text{A}$，直流电压表的测量范围为 $10^{-3} \sim 10^5 \text{V}$。电流表和电压表的基本误差为 $0.1\% \sim 2.5\%$。在一般测量中，直读式电工仪表已能满足测量电流和电压的要求。

1）电流表和电压表的接法。当用电流表测量电流时，必须将电流表与被测电路串联，而用电压表测量电压时，电压表则应与电路并联。如果不慎将电流表并联在电路的两端，则电流表将可能烧毁，在使用时必须特别小心。

2）对电流表和电压表内阻的要求。将电流表或电压表接入被测电路后，电路中引入了仪表的内阻（即仪表两个端子间的等效电阻），当电流表串入被测电路时，将使原来电路的等效电阻有所增加，而电压表并接在被测电路两端时，将会使原来电路的等效电阻有所减小。因此，电流表和电压表接入测量电路后，都会使原来电路的工作状态发生改变，从而产生测量误差。为了减小测量误差，要求电流表的内阻应比负载电阻小得多（小到可以忽略不计）；而电压表的内阻应比负载电阻大得多。

3）使用电流表和电压表必须注意的问题。防止仪表过载。当被测电流或电压的值域未知时，应该预选大量程的仪表。如果所选仪表具有多量程，须将转换开关置于高挡量程上，然后逐渐减小，直至达到合适的量程为止。如果所选用的仪表量程太小，当仪表接入被测电路后，会使仪表发生过载，仪表测量机构的可动部分将会冲向尽头，可能造成仪表的机械损坏或电气烧毁事故。

（2）间接测量法。用电流表测量电路中的电流时，往往需要将电路断开，然后将电流表串接在电路中进行测量。为了实现在不断开电路的情况下能测量电流之目的，可以采用间接测量方法。间接测量法是通过测量与电流或电压有关的量，然后通过计算求得被测电流或电压数值的一种测量方法。

2. 功率的测量及仪表的使用

（1）功率表的读数。功率表一般是电动式仪表，表面的标尺刻度通常不标明瓦特数，而只是分格数。在不同电流和电压量限时，每一分格代表不同的瓦特数。通常把每一格代表的瓦特数称为瓦特表的分格数，常用 C 表示，按下式计算

$$C = \frac{U_m I_m}{\alpha_m} \cos\varphi \, (W/\text{格})$$
（附 1 - 11）

式中：U_m 为功率表所使用的电压量限；I_m 为功率表所使用的电流量限；α_m 为功率表标尺的满刻度格数；$\cos\varphi$ 为功率表本身功率因数。

读数时，先读得偏转格数 α，即可得到被测功率的值为

$$P = C\alpha$$
（附 1 - 12）

如果是数字显示的功率表，则直接读数，与所选电压、电流的量限无关。

（2）功率表的量限选择。在选用功率表时，不仅要注意功率表的瓦特数，更重要的是被测电流值和电压值不能超过功率表的电流量限和电压量限；否则功率表会有不适当显示，甚至可能损坏功率表。

（3）功率表的接线。功率表有四个接线端钮，其中两个是电流线圈端钮，另外两个是电压线圈端钮。为了便于正确接线，通常在电流支路的一端（简称电流端）和电压支路的一端（简称电压端）标有"＊"号。它们的正确接线规则为：标有"＊"号的电流端钮必须接到电源一端，而另一端钮接至负载。电流线圈是串入电路的。标有"＊"号的电压端钮，可以接到电流线圈的任一接线端（使电流同时从标有"＊"号的电流、电压端流进），而另一电压端钮跨接到负载的另一端，即电压线圈并入电路。附图 1 - 10 为功率表的正确接线。

附图 1 - 10（a）的接法适用于负载阻抗远大于功率表电流线圈阻抗的情况，附图 1 - 10（b）的接法适用于负载阻抗远小于功率表的电压支路的阻抗的情况。

附图 1 - 11 为功率表的几种错误接线方法。它们使仪表无法读数或可能损坏仪表。在功率测量中，这几种接法是不允许的。

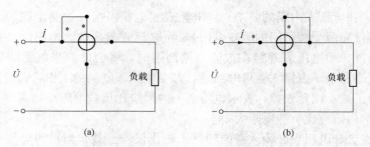

附图 1-10　功率表的正确接线

（a）功率表电压支路前接；（b）功率表电压支路后接

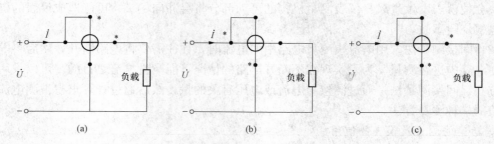

附图 1-11　功率表的几种错误接法

（a）电流端钮反接；（b）电压端钮反接；（c）同时反接

3. 交流调压器及兆欧表的使用

（1）交流调压器。交流调压器又称调压器或自耦变压器，是实验室用来调节交流电压的常用设备。

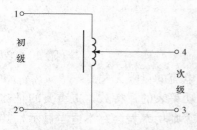

附图 1-12　单相调压器原理图

附图 1-12 为单相调压器的原理图。使用时，输入电源接在调压器初级的 1、2 端，输出从与输入端 2 相连的 3 端和滑动端 4 引出。改变连接滑块手柄的位置，次级输出电压也随之改变。其值可以从零调到稍高于初级的输入电压值。例如，若初级电压为 220V，次级电压可以从 0～250V 之间连续调节。

使用时要注意下述事项：

1）电源电压必须接到变压器的输入端，并且要与输入端标明的电压值相符，不可接错。

2）为了安全，电源中线应接在输入与输出的公共端钮上（即 2、3 端）。

3）电源电压和工作电流不得超过调压器铭牌上所示的额定值。

4）使用调压器时，每次都应该从零开始逐渐增加，直到所需的电压值。因此，接电源前，调压器的手柄位置应在零位；使用完毕后，也应随手将手柄调回到零位，然后断开电源。

（2）绝缘电阻表。绝缘电阻表又称兆欧表或摇表，用于测量各种电机、电缆、变压器、家用电器和其他电气设备的绝缘电阻。其主要由三部分组成，第一部分是直流高压发生器，用以产生直流高压，第二部分是测量回路，第三部分是显示部分。绝缘电阻表工作原理如附

图 1-13 所示。

ZC25-4 型绝缘电阻表（见附图 1-14），额定电压 100V，测量范围 0～1000MΩ，摇柄额定转速 120 转/min。

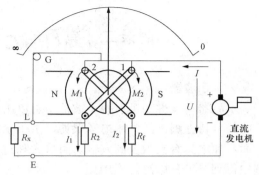

附图 1-13　绝缘电阻表工作原理图

1）使用说明。

a. 本仪表在使用时须远离磁场，水平放置。

b. 绝缘电阻表的接线柱共有三个：一个为"L"即线端，一个"E"即为地端，再一个"G"即屏蔽端（也叫保护环），一般被测绝缘电阻都接在"L""E"端之间，但当被测绝缘体表面漏电严重时，必须将被测物的屏蔽环或不须测量的部分与"G"端相连接。这样漏电流就经由屏蔽端"G"直接流回发电机的负端形成回路，而不再流过绝缘电阻表的测量机构（动圈）。这样就从根本上消除了表面漏电流的影响，特别应该注意的是测量电缆线芯和外表之间的绝缘电阻时，一定要接好屏蔽端钮"G"，因为当空气湿度大或电缆绝缘表面又不干净时，其表面的漏电流将很大，为防止被测物因漏电而对其内部绝缘测量所造成的影响，一般在电缆外表加一个金属屏蔽环，与绝缘电阻表的"G"端相连。作通地测定时，将被测端接"L"端，而以良好之地线接于"E"端。

附图 1-14　ZC25-4 型绝缘电阻表

2）注意事项。

a. 尽量避免剧烈、长期的振动，使表头轴尖受损而影响刻度指示。

b. 接线柱与被测物间连接之导线不能用绞线，应分开单独连接，不致因绞线绝缘不良影响读数。

c. 在进行测量前后对被测物进行充分放电，以保障设备及人身安全。

d. 在雷电或邻近有带高压导体设备时，禁止用绝缘电阻表测量，只有在设备不带电又不可能受其他电源感应而带电时才进行。

e. 转动摇手柄时应由慢渐快，如发现指针指零时不许继续用力摇动，以防线圈损坏。

f. 测量前要检查绝缘电阻表是否处于正常工作状态，主要检查其"0"和"∞"两点。即摇动手柄，使电机达到额定转速，绝缘电阻表在短路时应指在"0"位置，开路时应指在"∞"位置。

附录二　常用电子仪器的测量方法与使用

一、示波器

示波器（又称阴极射线示波器）可以用来观察和测量随时间变化的电信号图形，它是进行电信号特性测试的常用电子仪器。由于示波器能够直接显示被测电信号的波形，测量功能全面，加之具有灵敏度高，输入阻抗大和过载能力强等一系列特点，所以在近代科学技术领域中得到了极其广泛的应用。

示波器的种类较多，按用途和特点可分为通用示波器、取样示波器、记忆与数字存储示波器、专用示波器。

通用示波器是示波器中应用最广泛的一种，它采用单束示波管，包括单踪型和双踪型。取样示波器是采用取样原理，将高频信号转换为低频信号。记忆与数字存储示波器具有记忆、存储信号波形功能，可以用来观测和比较单次过程和非周期现象、超低频信号，以及在不同时间、不同地点观测到的信号。记忆示波器采用记忆示波管，数字存储示波器则应用了数字存储技术。专用示波器是为满足特殊用途而设计的示波器。

1. 示波器通用旋钮介绍

使用示波器前应仔细阅读使用说明书，被测信号的电压不能超过允许范围。光点和扫描线不可调得过亮，否则会带来读数不准，不仅使眼睛疲劳，而且当光点长时间停留不动时，还会使荧光屏变黑，产生斑点。

（1）调整旋钮。

1）亮度旋钮（INTENSITY）：调整光点和扫描线的亮度。顺时针方向旋转旋钮，亮度增强。

2）聚集旋钮（FOCUS）：调整光迹的清晰程度。测量时需要调节此旋钮，以使波形的光迹达到最清晰的程度。

（2）垂直系统。

1）信号输入通道 1 [CH1 INPUT (X)]：被测信号的一个输入端。在 X－Y 方式时，变为 X 通道，X 轴信号由此端输入。

2）信号输入通道 2 [CH2 INPUT (X)]：被测信号的另一输入端。在 X－Y 方式时，输入端的信号仍为 Y 端信号。

3）输入耦合（AC－GND－DC）选择开关：用于选择输入信号进入 Y 放大器的耦合方式。

a. 置于 AC 时，输入信号经电容耦合到 Y 放大器，信号中的直流分量被电容阻隔，交流分量可以通过。

b. 置于接地时，输入端对地短路，没有信号输入 Y 通道，通常用于确定（调整）基准电平位置。

c. 置于 DC 时，输入信号直接耦合到 Y 放大器，用于观测含有直流分量的交流信号或直流电压，频率较低的交流信号（低于 10Hz）也采用 DC 输入。

4）Y 位移旋钮（POSITION）：调节光迹在荧光屏垂直方向的位置。

5）电压灵敏度选择开关（VOLT/DIV）：用于垂直偏转灵敏度的调节。电压灵敏度微调旋钮在校准位置时，VOLT/DIV 刻度值为荧光屏上每一个大格所代表的电压值。

6）电压灵敏度微调旋钮（VARIABLE）：可在电压灵敏度开关两挡之间连续调节，改变波形的大小。顺时针旋转到底时，为"校准"位置。在做电压测量时，此旋钮应放在校准位置。

7）垂直工作方式选择（VERTICAL MODE）：有 CH1、CH2、DUAL、ADD 四个挡。

a. 通道 1 选择（CH1）：荧光屏上只显示 CH1 的信号。

b. 通道 2 选择（CH2）：屏光屏上只显示 CH2 信号。

c. 双踪选择（DUAL）：荧光屏上同时显示 CH1 和 CH2 两个输入通道输入的信号。

d. 叠加（ADD）：显示 CH1 和 CH2 两个输入通道输入的信号的代数和。

8）交替/断续选择键（ALT/CHOP）：当同时观察两路信号时，交替方式适合于在扫描速度较快时使用；断续方式适合于在扫描速度较慢时使用。

（3）触发（TRIGGER）。

1）触发源选择（TRIGGER SOURCE）：用于选择触发信号。各种型号示波器的触发源选择有所不同，一般有以下几种。

a. 内触发（INT）：触发信号来自通道 1 或通道 2。

b. 通道 1 触发（CH1）：触发信号来自通道 1。

c. 通道 2 触发（CH2）：触发信号来自通道 2。

d. 电源触发（LINE）：触发信号为 50Hz 交流电压信号。

e. 外触发（EXT）：触发信号来自外触发输入端，用于选择外触发信号。

2）极性（SLOP）：选择触发信号的极性。

a. "＋"表示在触发信号上升时触发扫描电路。

b. "－"表示在触发信号下降时触发扫描电路。

3）触发电平（LEVEL）旋钮：用于调整触发电平，在荧光屏上显示稳定的波形，并可设定显示波形的起始点（初始相位）。

4）触发方式（TRIGGER MODE）按键：用于选择合适的触发方式，通常有以下几种。

a. 自动（AUTO）：当没有输入信号或输入信号没有被触发时，荧光屏上仍显示一条扫描基线。

b. 常态（NORM）：当没有触发信号时，处于等待扫描状态，一般用于观测频率低于25Hz 的信号或在自动方式时，不能同步时使用。

c. 场信号触发（TV－V）：用于观测被测信号中的场信号。

d. 行信号触发（TV－H）：用于观测被测信号中的行信号。

（4）水平系统。

1）扫描时基因数（又称为扫描速度）开关（TIME/DIV）：用于设定扫描速度。当扫描微调在较准位置时，其刻度值为屏幕上水平方向每一个大格所代表的时间。

2）扫描微调（SWEEP VARIBLE）：可以在扫描速度开关两挡之间连续调节，改变周期个数。该旋钮逆时针方向旋转到底，扫描速度减慢 2.5 倍以上。在做定量时，该旋钮应顺时针旋转到底，即在校准位置。

3）水平移位（POSITION）：用于调节光迹在水平方向的位置。

2. 基本操作

（1）聚焦旋钮置于中间位置，Y 输入耦合方式置于接地（GND），垂直位移（POSI-TION）旋到中间位置，垂直工作方式（MODE）置于 CH1，触发方式（TRIG MODE）放自动（AUTO），触发源（SOURCE）放内触发（INT），扫描速度（TIME/DIV）置于 0.5ms/div。

（2）打开电源，顺时针旋转辉度旋钮，调整 Y 位移旋钮，直到显示光迹。调节聚焦旋钮使光迹最清晰，为使聚焦效果最好，光迹不可调得过亮。

（3）调整输入耦合方式于 AC，将示波器的校准信号输入至通道 1（CH1），适当调节电平旋钮使波形稳定，屏幕上应显示方波信号。将 Y 轴灵敏度旋钮、扫描速度旋钮置于适当位置，若波形在垂直方向占格数、水平方向占格数与校准信号要求的相符，则表示示波器工作基本正常。

3. 物理量的测量

（1）直流电压的测量。电压灵敏度微调放在校准位置，输入耦合方式开关置于 GND，调整 Y 位移旋钮，使光迹对准任一条水平刻度线，此时扫描基线即为零基准线。将耦合方式换到 DC，输入直流电压，如附图 2-1 所示。即根据波形（直线）偏离零基准线的垂直距离 h 和电压灵敏度 VOLT/DIV 旋钮的指示值 K_u，可以算出直流电压的数值，即 $U = K_u h$。

（2）交流电压的测量。测量交流电压分为两种情况：一种是只测量被测信号中的交流分量，另一种是测量含有直流分量的交流信号。

只测量被测信号的交流分量时，应将 Y 输入耦合方式置 AC 位置。输入信号，调节电平（LEVEL）旋钮，使波形稳定，调节电压灵敏度（VOLT/DIV）开关，使屏幕上显示的波形幅度适中，便于读数，如附图 2-2 所示。由波形峰峰在垂直方向的距离 h 和 VOLT/DIV 的指示值 K_u（微调在校准位置），就可以计算出电压的峰峰值 U_{P-P}，即 $U_{P-P} = K_u h$。

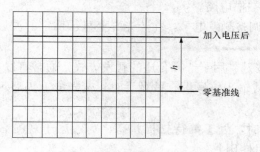

附图 2-1　直流电压的测量

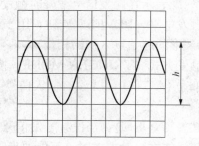

附图 2-2　交流电压的测量

【例 1】测得波形峰值之间的距离为 4 格，电压灵敏度 1V/div，则被测信号的峰—峰值为

$$U_{P-P} = K_u h = 4 \times 1 = 4(V)$$

当被测交流信号含有直流分量时，输入耦合方式应放在 DC，这样才能同时观测到被测信号的交流分量和直流分量。

【例 2】已知一正弦信号的电压峰—峰值为 4V，直流分量为 1V，要求用示波器测量出其实际峰—峰值和直流分量的电压值。

置输入耦合方式为 DC，电压灵敏度调为 1V/div，输入信号后，荧光屏显示波形如附图

2-3 所示。

可以测量出直流电压分量 U 和交流电压峰一峰值 U_{P-P} 分别为

$$U = K_u h_1 = 1 \times 1 = 1(V)$$
$$U_{P-P} = K_u h_2 = 1 \times 4 = 4(V)$$

（3）时间的测量。用示波器能测量周期信号的频率、周期、波形任意两点之间的时间和两个同频信号的相位差。

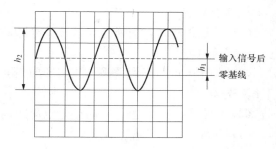

附图 2-3　含有直流成分的交流信号的测量

1）周期和频率的测量。"扫描微调"放校准位置，"扫描速度"（TIME/DIV）开关置于合适的位置，使荧光屏上显示的波形便于观测。调节"电平"（LEVEL）旋钮，使显示的波形稳定；调节"X 位移"和"Y 位移"，使波形位于荧光屏的中间位置（一般示波器在测量时间时，不宜使用荧光屏的边缘部分），如附图 2-4 所示。由于此时"扫描微调"在校准位置，所以，测得波形一个周期在水平方向的距离 d，乘以 TIME/DIV 的指示值 K_t，就可以计算出信号的周期 T 和频率 f，即

$$T = dK_t \quad f = \frac{1}{T}$$

【例 3】测得波形一周期对应两点间的水平距离为 5 div，"扫描速度"旋钮的指示值为 0.2ms/div，则被测波形的周期 T 和频率 f 为

$$T = 0.2ms \times 5 = 1(ms)$$
$$f = 1/T = 1(kHz)$$

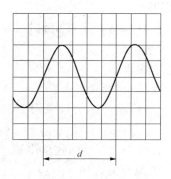

附图 2-4　周期的测量

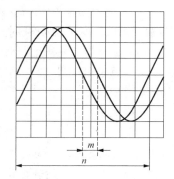

附图 2-5　线法测量相位差

2）两个同频信号相位差的测量。垂直工作方式置于双踪显示（DUAL），分别调节两通道的位移旋钮，使两条时基线重合，选择作为测量基准的信号为触发源信号，两个被测信号分别由 CH1 和 CH2 输入，在屏幕上可显示出两个信号波形，如附图 2-5 量出波形一个周期在水平方向的长度 n 及两个信号波形与 X 轴相交对应点的水平距离 m，可由下式计算出两个信号间的相位差 φ，即

$$\varphi = \frac{360°}{n} m$$

通常为读数方便，可调节扫描微调旋钮，使信号的一个周期占 9 格（DIV），每格表示的相角为 40°（40°/ DIV），则相位差 φ 为

$$\varphi = 40°m$$

用双线法测量相位差时，应使两条时基线严格与 X 轴重合。

4. 示波器的使用注意事项

（1）使用过程中，应避免频繁开关电源，以免损坏示波器。暂时不用时，只须将荧光屏的亮度调暗即可。

（2）荧光屏上所显示的亮点或波形的亮度要适当，光点不要长时间停留在一点上，以免损坏荧光屏。

（3）示波器的地端应与被测信号电压的地端接在一起，以避免引入干扰信号。

（4）示波器的 Y 轴输入与 X 轴输入的地端是连通的，若同时使用 X、Y 两路输入时，公共地线不要接错。

（5）定量观测波形时，尽量在屏幕的中心区域进行，以减小测量误差。

（6）测量过程中，应避免手指或人体其他部位接触信号输入端，以免对测试结果产生影响。

二、信号发生器

信号发生器是电子测量领域中最基本、应用最广泛的一类电子仪器，它可以产生不同波形、不同频率和输出幅值的信号电源，其频率（周期）和输出辐值可以通过开关和旋钮加以调节，常用的有正弦信号发生器、方波信号发生器、脉冲信号发生器等。

1. 信号发生器的使用

（1）波形的选择。

1）重复按下波形选择键【WAVE】就会在显示器中显示相应的波形。

2）按下输出键【OUTPUT】LED 显示就会打开。

3）波形从主端口输出，接 50Ω 负载时，振幅为 $10V_{P-P}$，不接负载时振幅为 $20V_{P-P}$。

（2）频率的选择。

1）可利用数字键与【SHIFT】键直接输入设置频率。

2）或者直接旋转【FREQUENCY】旋钮增大或减小频率。

3）正弦与方波波形的频率最大值为 3MHz，三角形波的最大频率为 1MHz。

2. 信号发生器的使用注意事项

（1）把仪器接入 AC 电源之前，应检查 AC 电源是否和仪器所需的电源电压相适应。

（2）开启电源前先将输出幅值调到零位，开启电源开关灯亮，电源接通预热几分钟方可进行工作。

（3）使用时，将信号源频率调到所需的数值，在确认负载与信号发生器连接无误后，再将输出电压从零调到所需的数值。

（4）信号发生器的输出功率不能超过额定值，也不能将输出端短路，以免损坏仪器。

（5）仪器在使用时应避免剧烈振动，仪器周围不应有热源和电磁场的设备。

三、交流毫伏表、数字万用表

1. 数字交流毫伏表

数字交流毫伏表（或真空管电压表或交流毫伏表）是一种测量正弦电压有效值的电子仪

表。本小节主要介绍 SP1930 数字交流毫伏表的使用方法，该仪器适用于测量电压有效值 $100\mu V \sim 400V$，频率 $5Hz \sim 3MHz$ 的正弦波有效值电压。

（1）电压测量。

1）按下电源开关，初始化后即进入测量状态，此时，电压测量通道指示灯亮，表示仪器当前处于电压测量状态。

2）当仪器处于电压测量模式时，默认为自动测量方式，此时"AUTO"灯亮，仪器根据被测信号的大小自动选择合适的测量量程。如果需要手动测量，则选择【自动/手动】键用于选择手动测量方式，此时"MANU"灯亮。

（2）频率测量。

1）如果当前仪器处于电压测量状态，则按【电压/频率】键直接切换到频率测量功能。此时，频率通道指示灯亮，表示仪器当前处于频率测量状态。

2）当仪器处于频率测量功能时，只有自动测量方式，此时"GATE"闪烁，电压测量的相关按键不起任何作用。

3）频率测量显示单位有三种：Hz、kHz 和 MHz。仪器根据测量结果的大小自动选择显示单位，每一种单位都有相应的指示灯来指示，当其有效时，相应的灯就会亮起来以指示。

（3）注意事项。

1）仪器使用的电源电压为 220V，50Hz，应注意不应过高或过低。

2）测量高压信号的电压和频率一定要小心谨慎，要注意从正确的输入通道输入信号，以及正确的测量设置（如测量的挡位设置、状态设置等）。

3）在测量大幅度信号时，如果被测电压大于 $3V_{rms}$ 时，必须按下"衰减"按键，尤其在测量 36V 以上的高压信号频率时，更需要小心谨慎，一定要先按下"衰减"按键，打开衰减器（即选择衰减×100 挡），即将信号衰减约 100 倍，然后再将被测信号输入到仪器的频率输入通道进行测量，以免烧坏仪器或造成人身伤害。

4）在测量低频时候，当被测频率小于 100kHz 时，按下【低通】键，将低通滤波器打开，这样可以提高测量的准确度。

5）本机仪器的地通过电源插座的地端与大地连通，当要测量隔离地电压信号或悬浮的电压信号时，应注意要将本仪器电源线的地端与大地断开，采用两线接入法将电源电压接入仪器，再进行测量，否则测量不正确。

6）仪器在使用过程中，请不要长时间输入过量程电压。

7）仪器在自动测量过程中，进行量程切换时会出现瞬态的过量程现象，此时只要输入电压不超过最大量程，片刻后读数即可稳定下来。

2. 数字万用表

（1）电压测量。

1）将黑表笔插入"COM"插座，红表笔插入 V/Ω 插座。

2）将量程开关转换至相应的挡位（直流电压转换至 DCV 量程，交流电压转换至 ACA 量程），然后将测试表笔跨接在被测电路上，红表笔所接的该点电压与极性显示在屏幕上。

3）如果事先对被测电压范围没有概念，应将量程开关转到最高的挡位，然后根据显示值转至相应挡位；如屏幕显示"OL"，表明已超过量程范围，须将量程开关转至较高挡位上。

（2）电流测量。

1）将黑表笔插入"COM"插座，红表笔插入"mA"插座中（最大为 200mA），或红表笔插入"20A"插座中（最大为 20A）。

2）将量程开关转至相应挡位（直流电压转换至 DCV 量程，交流电压转换至 ACA 量程），然后将仪表的表笔串联接入被测电路中，被测电流值及红色表笔点的电流极性将同时显示在屏幕上。

3）如果事先对被测电流范围没有概念，应将量程开关转至较高挡位，然后按显示值转至相应挡上；如屏幕显"OL"，表明已超过量程范围，须将量程开关转至较高挡位上；在测量 20A 时要注意，连续测量大电流将会使电路发热，影响测量精度甚至损坏仪表。

（3）电阻测量。

1）将黑表笔插入"COM"插座，红表笔插入"V/Ω"插座。

2）将量程开关转至相应的电阻量程上，然后将两表笔跨接在被测电阻上。

3）如果电阻值超过所选的量程值，则会显示"OL"，这时应将开关转至较高挡位上；当测量电阻值超过 1MΩ 以上时，读数需几秒时间才能稳定，这在测量高电阻时是正常的。

4）当输入端开路时，则显示过载情形。

5）测量在线电阻时，要确认被测电路所有电源已关断及所有电容都已完全放电时才可进行。

（4）电容测量。

1）将红表笔插入 V/Ω 插座，黑表笔插入"COM"插座。

2）将量程开关转至相应电容量程上，表笔对应极性（注意红表笔极性为"＋"极）接入被测电容。

3）如果事先对被测电容范围没有概念，应将量程开关转到最高的挡位；然后根据显示值转至相应挡位上；如屏幕显"OL"，表明已超过量程范围，须将量程开关转至较高的挡位上。

4）在测试电容前，屏幕显示值可能尚未回到零，残留读数会逐渐减小，但可以不予理会，它不会影响测量的准确度。

5）大电容挡测量严重漏电或击穿电容时，将显示一些数值且不稳定。

6）在测试电容容量之前，必须对电容充分地放电，以防止损坏仪表。

（5）二极管及通断测试。

1）将黑表笔插入"COM"插座，红表笔插入"V/Ω"插座（注意红表笔极性为"＋"极）。

2）将量程开关转至蜂鸣器挡，并将表笔连接到待测试二极管，读数为二极管正向压降的近似值。

3）将表笔连接到待测线路的两点，如果两点之间电阻值低于约（70±20）Ω，则内置蜂鸣器发声。

四、TDS1002 数字存储示波器

TDS1002 型数字存储示波器的前后面板分别如附图 2-6、附图 2-7 所示，面板上的操作部件可以分为显示区域、信息区域、菜单和控制按钮、垂直控制、水平控制、触发控制、连接器。每一个菜单按钮和功能键下都包含一个或多个子菜单。

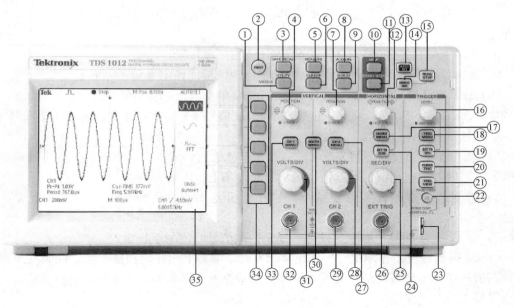

附图 2-6　示波器面板示意图

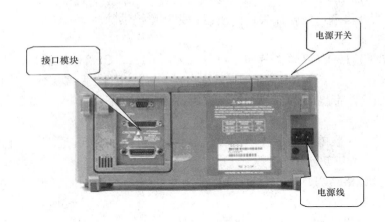

附图 2-7　示波器背板示意图

1. 面板操作部分介绍

(1) 菜单和控制按钮。

1) ③ SAVE/RECALL（保存/调出）：显示设置和波形的保存、调出菜单。包括信号源（CH1、CH2），A 和 B 两个波形存储器。

2) ⑤ MEASURE（测量）：显示自动测量菜单。包括频率、周期、幅值、峰峰值、平均值、正脉冲宽度、负脉冲宽度、均方根值、最大值、最小值、上升时间。

3) ⑧ ACQUIRE（采集）：显示采集菜单。包括峰值检测、包络线检测、平均值。

4) ① UTILITY（辅助功能测试）：显示辅助功能菜单。包括计算机连接接口、自校。

5) ⑥ CURSOR（光标）：显示光标菜单。包括水平条和垂直条。

6) ⑨ DISPLAY（显示）：显示菜单。包括对比度增加和对比度减小。

7）⑩ HELP（帮助）：显示帮助菜单。如要知道面板上任意按键的功能，都可寻求此键查询。

8）⑪DEFAULT SETUP（默认设置）：调出厂家设置。

9）⑬ AUTO SET（自动设置）：按此键所测波形能稳定显示于屏幕上。

10）⑭SINGLE SEQ（单次信号采集）：采集单个波形，然后停止。

11）⑮RUN/STOP（运行/停止）：配合单次信号采集，控制单次信号的采集和停止。

（2）触发控制。

1）⑯ 电平：触发电平调节旋钮。通过调节此旋钮，使内部的垂直光标处于被测量值的幅值范围之内，被检测波形才能稳定的显示在屏幕上。

2）⑱ 触发菜单：显示触发菜单。包括上升沿触发、下降沿触发、视频触发、脉冲宽度。

3）⑲ 设置为50％：控制触发电平处于被测信号峰值的垂直中点。

4）⑳ 强制触发：在单次触发和正常触发时，屏幕上无任何扫描基线，此时按下此钮就可知扫描基线处于屏幕内还是屏幕外。当扫描基线处于屏幕外时可调节垂直位置旋钮，使其处于屏幕之内。当测量为自动设置时，此按钮无效。

5）㉑ 触发监看：当按下触发视图按钮时，显示触发波形而不显示通道波形。

6）㉒ PROBE CHECK：探头补偿按钮。可进行欠补偿和过补偿。

7）㉓ 探头补偿端：配合探头补偿按钮。为补偿提供脉冲输入源。

（3）垂直控制。

1）④、⑦ CH1、CH2 位置旋钮：可分别控制 CH1、CH2 输入波形的上下移动。

2）㉗、㉝ CH1、CH2 菜单按钮：分别显示 CH1、CH2 垂直参数。包括耦合方式（直流、交流、接地），带宽限制，伏/格（粗调、细调），探头（1X、10X、100X、1000X），反相。

3）㉚ 数学计算菜单：显示波形的数学运算。包括"信源"通道，"窗口"信息（加、减、FFT 运算），"FFT"缩放系数。

4）㉘、㉛伏/格（CH1、CH2）：选择被测波形幅值刻度单位。

（4）水平控制。

1）⑫ 位置旋钮：控制输入波形的左右移动。

2）⑰ 水平菜单按钮：显示水平菜单。包括延时时间、水平时基设置位置、幅度刻度大小。

3）㉔ 设置为零：当输入波形有偏左或偏右现象时，按此钮可使波形处于屏幕的中心位置。

4）㉕ 秒/格：选择被测波形频率或时间刻度单位。

（5）连接器。

1）㉙、㉜CH1、CH2：用于显示波形的输入连接器。

2）㉖ EXT TRIG（外部触发）：外部触发源的输入连接器。使用"触发菜单"的"外部"子菜单键。

（6）其他。

1）② PRINT：打印按钮。

2）㉞ 共五个软键区：子菜单软键按钮。当按任意菜单键和功能键时，此区都会显示响应的子菜单项目。

3）㉟ 五个信息栏目区：一旦五个软键区是具体的测量项目时，信息栏目区显示当前被测量的相应的参数值。

2. 显示区域（屏幕）信息介绍

TDS 1002 型数字存储示波器的显示区域如附图 2-8 所示，其 1～16 区域显示的信息如下：

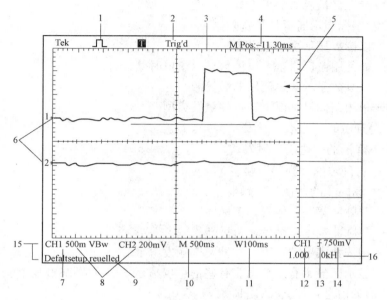

附图 2-8　示波器显示参数区域示意图

（1）1——显示图标表示采集模式：

1）⎍⎍⎍——取样模式。

2）⎍⎍⎍——峰值检测模式。

3）⎍⎍——均值模式。

（2）2——触发状态显示：

1）☐——已配备。示波器正在采集预触发数据。在此状态下忽略所有触发。

2）R——准备就绪。示波器已采集所有预触发数据并准备接受触发。

3）T——已触发。示波器已发现一个触发并正在采集触发后的数据。

4）●——停止。示波器已停止采集波形数据。

5）◐——采集完成。示波器已完成一个"单次序列"采集。

6）R——自动。示波器处于自动模式并在无触发状态下采集波形。

7) □───扫描。在扫描模式下示波器连续采集并显示波形。

（3）3───使用标记显示水平触发位置。旋转"水平位置"旋转调整标记位置。

（4）4───用读数显示中心刻度线的时间。触发时间为零。

（5）5───使用标记显示"边沿"脉冲宽度触发电平，或选定的视频线或场。

（6）6───使用屏幕标记表明显示波形的接地参考点。如没有标记，不会显示通道。

（7）7───箭头图标表示波形是反相的。

（8）8───以读数显示通道的垂直刻度系数。

（9）9───B_W 图标表示通道是带宽限制。

（10）10───以读数显示主时基设置。

（11）11───如使用窗口时基，以读数显示窗口时基设置。

（12）12───以读数显示触发使用的触发源。

（13）13───采用图标显示以下选定的触发类型：

1）╱───上升沿的"边沿"触发。

2）╲───下降沿的"边沿"触发。

3）⊓⊔⊓───行同步的"视频"触发。

4）⊓⊔───场同步的"视频"触发。

5）⊓───"脉冲宽度"触发，正极性。

6）⊔───"脉冲宽度"触发，负极性。

（14）14───用读数表示"边沿"脉冲宽度触发电平。

（15）15───显示区显示有用信息。有些信息仅显示 3s。如果调出某个储存的波形，读数就显示基准波形的信息，如 RefA、1.00V、500μs。

（16）16───以读数显示触发频率。

3. 简易测量方法的介绍

附图 2-9 为示波器测试示意图，如要快速显示某个未知信号，并测量其频率、周期和峰峰值，可使用自动设置，按如下步骤进行：

（1）按下"CH1 菜单"按钮，将"探头"选项衰减设置成 10X。

（2）将 P2200 探头上的开关设定为 10X。

（3）将通道 1 的探头与信号连接。

（4）按下"自动设置"按钮。

如要测量信号的频率、周期、峰峰值、上升时间以及正频宽，可使用自动测量，按如下步骤进行：

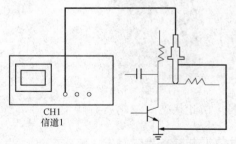

附图 2-9　示波器测试示意图

CH1
信道1

（1）按下"测量"按钮，查看"测量菜单"。

（2）按下顶部的选项按钮，显示"测量 1 菜单"。

（3）按下"类型"选项按钮，选择"频率"，读数将显示测量结果及更新信息。

（4）按下"返回"选项按钮。

（5）按下顶部第二个选项按钮；显示"测量 2 菜单"。

（6）按下"类型"选项按钮，选择"周期"，读数将显示测量结果及更新信息。

（7）按下"返回"选项按钮。

（8）按下中间的选项按钮，显示"测量 3 菜单"。

（9）按下"类型"选项按钮，选择"峰－峰值"，读数将显示测量结果及更新信息。

（10）按下"返回"选项按钮。

（11）按下底部倒数第二个选项按钮；显示"测量 4 菜单"。

（12）按下"类型"选项按钮，选择"上升时间"，读数将显示测量结果及更新信息。

（13）按下"返回"选项按钮。

（14）按下底部的选项按钮；显示"测量 5 菜单"。

（15）按下"类型"选项按钮，选择"正频宽"，读数将显示测量结果及更新信息。

（16）按下"返回"选项按钮。

附录三 常用集成电路芯片引脚排列图

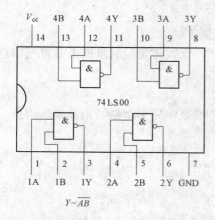

附图 3-1 74LS00 四 2 输入正与非门

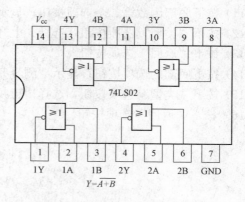

附图 3-2 74LS02 四 2 输入或非门

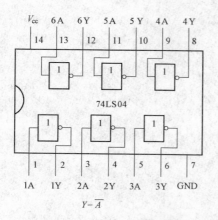

附图 3-3 74LS04 六反相器

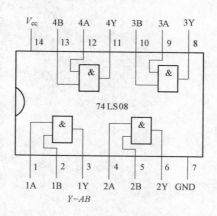

附图 3-4 74LS08 四 2 输入与门

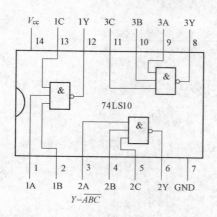

附图 3-5 74LS10 三 3 输入与非门

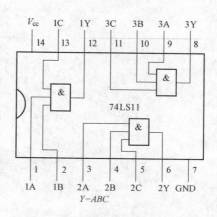

附图 3-6 74LS11 三 3 输入与门

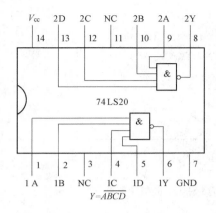

附图 3 - 7　74LS20 双 4 输入与非门

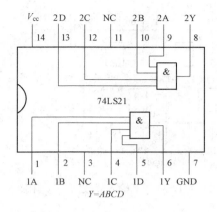

附图 3 - 8　74LS21 双 4 输入与门

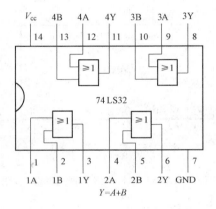

附图 3 - 9　74LS32 四 2 输入或门

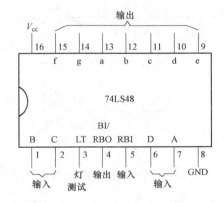

附图 3 - 10　74LS48BCD - 七段译码器

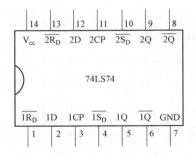

附图 3 - 11　74LS74 双 D 型触发器

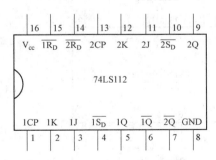

附图 3 - 12　74LS112 双 J - K 触发器

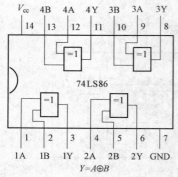

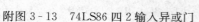

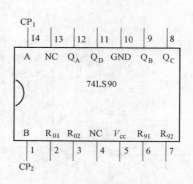

附图 3 - 13　74LS86 四 2 输入异或门　　　附图 3 - 14　74LS90 十进制计数器（2、5 分频）

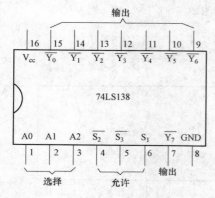

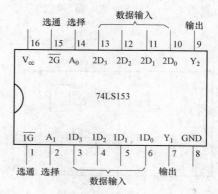

附图 3 - 15　74LS138 3 - 8 线译码器/分配器　附图 3 - 16　74LS153 双 4 - 1 线数据选择器/多路开关

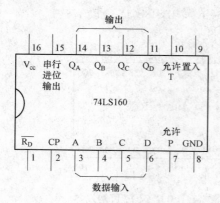

附图 3 - 17　74LS160 4 位同步计数器
（十进制，直接消除）

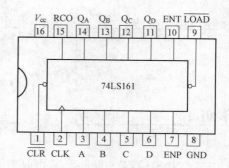

附图 3 - 18　74LS161 4 位同步计数器
（二进制，直接消除）

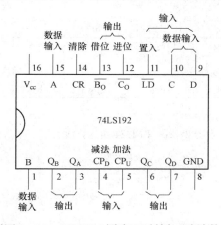

附图 3 - 19　74LS192 同步双时钟加/减计数器

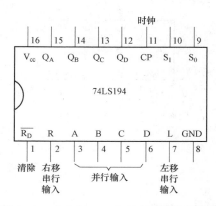

附图 3 - 20　74LS194 4 位双向通用移位寄存器

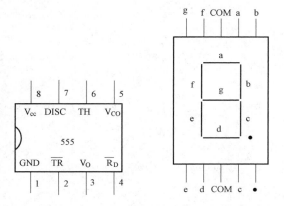

附图 3 - 21　555 时基电路　附图 3 - 22　七段数码显示器

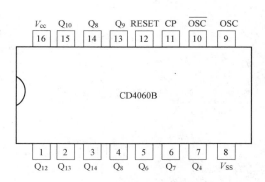

附图 3 - 23　二进制计数器和振荡器

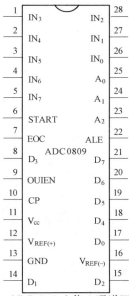

附图 3 - 24　DAC0832 八位数/模转换器　附图 3 - 25　ADC0809 八位 8 通道逐次逼近型模

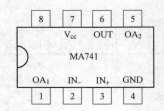

附图 3-26　MA741 运算放大器

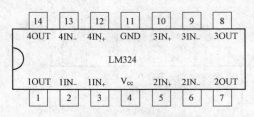

附图 3-27　LM324 四运算放大器

参 考 文 献

[1] 秦曾煌. 电工学. 7 版. 北京：高等教育出版社，2008.

[2] 陈新龙. 电工电子技术基础. 北京：清华大学出版社，2006.

[3] 王鼎. 电工电子技术. 北京：机械工业出版社，2006.

[4] 张静秋. 电路与电子技术实验教程. 长沙：中南大学出版社，2012.

[5] 蔡灏. 电工与电子技术实验指导书. 北京：中国电力出版社，2005.

[6] 李平，谌海霞. 电工测试技术. 北京：中国电力出版社，2016.